U0002726

新創成長的關鍵

的

關鍵

解開台灣新創企業
從0到10億元的祕密

顏漏有
—— 著

推薦序

承先啟後，開創下一個關鍵十年

黃耀文／XREX創辦人暨執行長

　　新創是在一個杳無人煙的曠野拓荒，創造並驗證一條通往未來世界的全新路徑。這一條又一條的路徑，都是從窒礙難行的蹊徑，慢慢地在許多創業者的血淚之中，逐漸走成了一條康莊大道。每一條新的路，都是人類歷史上每個世代突破世襲枷鎖的印記；是每個國家蛻變成長、再創高峰的足跡；也是每個人不必再為了糊口而賣命，找到真正能發揮自我潛能、實踐生命意義的道路。

　　然而，一個國家的蛻變談何容易？解開世代的枷鎖又豈是易事？更遑論是讓每個人都能找到實踐自己生命意義的工作，那是難上加難。毫不意外地，新創這條路異常艱辛，成功率不到百分之一。但是，我們看見有一家又一家的新創，在這些路徑上跨出了第一步，踩下了第一個腳印，即使深知有很高的機率，無法走到終點高呼勝利、享受榮耀，他們仍勇於啟動。

　　綜觀全球，現在已經有非常豐厚且多元的新創知識與概念，其中雖有普世通用的觀點，但礙於每個國家自身具備的條

件、歷史背景與發展歷程,在新創的發展上也大有不同。

　　我創立的第一家新創是資安軟體公司阿碼科技,後來成功出場賣給美國納斯達克(Nasdaq)上市公司 Proofpoint,我也在 Proofpoint 的矽谷總部工作了五年,擔任全球技術副總。之後,我在 2018 年共同創辦了區塊鏈金融科技新創 XREX,瞄準發展中國家的美元稀缺與跨境支付障礙。兩次創業,我都將總部設於台灣。從我的角度觀察,台灣有幾個先天的限制,增加了新創的挑戰:

- 本國市場不大,也非雙語國家。
- 獨有的文化與各國差異不小,不易將成功模式複製至其他市場。
- 已有規模化的產業,大量吸引頂尖人才與國家策略,卻也因此經常錯失新興產業的機會,如:網路、金融科技、App、區塊鏈等。
- 受經濟發展脈絡影響,法規面偏向製造業本位思維。
- 年輕人口萎縮,卻未有明顯吸納外來人才的誘因與策略。

　　很令人振奮的是,即使困難重重,我們還是看到了許多新創奮力而起,集眾人之力披荊斬棘地踏出了一條新的坦途。不僅如此,這些成功的新創與參與其中的勇者們,投入寶貴的時間傳承其經驗與資源,陪著台灣的創業家們走過充滿轉折與艱困的創業路。其中,AAMA 台北搖籃計畫就是一個典範。

　　AAMA 台北搖籃計畫是由顏漏有先生創辦,大家現在都

稱呼他為「顏校長」。被譽為台灣新創推手的顏校長，歷經過大市場、大企業的洗練，是台灣難得一見的國際專業經理人。十年來，AAMA不只是創業者夢寐以求的重要殿堂，更是一個隨時串接資源、分享經驗、相互提攜與充電打氣的大家庭。

　　AAMA專注於扶植台灣國內新創，成功地培育了許多團隊，包括：91APP、Appier、凱鈿、Kneron、Vpon、Dcard、Hahow、iKala、Whoscall、Pinkoi、Fandora、iCHEF、PicCollage、FunNow、MoBagel、鮮乳坊、CoolBitX、財經M平方、SHOPLINE和CloudMile等。身為創業者，我非常感謝在創辦XREX的時候成為AAMA第七期的學員，獲得了許多養分與能量，和許多新創彼此切磋、交流和成長。

　　要栽培出成功的創辦人非常不容易，不僅是創業這條路滿是荊棘，更在於新創必須要通過一層又一層的關卡，每個階段都有不同考驗，就像在大海中掌舵，遇到不同的浪潮、天氣與海況，就得有不同的技能、心態和方法，才能乘風破浪駛向新藍海。

　　草創時期，創辦人必須要有遠見、勇於嘗試、不怕失敗，也得描繪未來願景和產業潛力，吸引優秀人才來加入一個除了夢，其他什麼都還看不見的團隊；最小可行產品（MVP）出來後，創辦人要勇於挑戰大市場、驗證產品市場媒合度（PMF)、導入敏捷式的開發與整合。不僅如此，一旦發現原先的概念錯誤或失敗，就得勇於換題目，並重新定位與思考方向。

　　少數度過「死亡之谷」的新創，會進入成長期。此時期，

創辦人必須開始著手建立清楚且明確的制度、吸引並重用專業
經理人，同時轉換心態，讓自己成為專業經理人，保持與資本
市場的良性互動，引進新的資本並擴大董事會。

　　成功上市後，創辦人必須要認知到：其實企業才剛起步，
有如剛畢業出社會的青年。上市後的企業，背負著創造台灣經
濟成長新動能的使命，必須為下一個五十年鋪路，開創更大更
廣的產業生態系，朝下一個護國神山的方向前進。

　　2022年國際情勢改變，台灣重新在國際上站穩了關鍵地
位，接下來的十年，台灣產業的發展，不但將改變台灣的歷
史，也將改變亞太的勢力版圖。

　　顏校長在此時出版《新創成長的關鍵》是非常寶貴的。他秉
持著「成功不可複製，智慧可以傳承」的理念，將過去十年培植
台灣新創的寶貴經驗系統化地整理出來，可以承先啟後，成為台
灣新創的重要寶典。這不僅是一部台灣新創的歷史，更是一份新
創指引，讓我們有自信地期待未來十年，台灣可以在國際產業地
圖上，扮演更關鍵的角色，開創新亞太史上的「關鍵十年」。

　　《新創成長的關鍵》書中整理了十間新創的個案研究，代表
著十種不同成功的型態，也代表著十家可以幫助到各位創業者的
成功企業。這些案例都不是孤軍奮戰，而是在AAMA的大家庭
中跟著導師和各期學員一起茁壯的。這也傳遞了一個重要的訊
息：台灣的新創社群互動緊密且相互扶持，新創這條路雖然艱苦
但不再孤單。歡迎加入我們，加入AAMA，讓我們團結地一起締
造台灣下一個關鍵十年，在亞太與世界舞台上嶄露頭角！

創業所需的精華，都在這本書中

鄭涵睿／綠藤共同創辦人暨執行長

「謝謝台灣，對綠藤來說，在台灣創業是一件幸運的事。」在2021年10月19日，我代表綠藤，從蔡英文總統手上接過代表新創國家隊NEXT BIG的獎牌，在發表得獎感言提到「幸運」兩個字的時候，我看著的是台下的顏漏有校長，從總統手中接過獎座時，真的滿腦子想著綠藤一路走來的夥伴與貴人們。我知道，如果沒有校長與AAMA，我不會有這樣的機會，而這些年來累積的許多學習精華，現在都濃縮在《新創成長的關鍵》這本書之中。

我是2014年入選AAMA第三期的創業者，當初的申請表上有一題「希望AAMA台北搖籃計畫能給您提供什麼樣的服務和協助？」我寫下了：（1）透過導師制度獲得管理的視角，（2）立足台灣的國際視野，（3）加速成長的策略建議，與（4）異業合作機會。如今回顧，當初的期望，全都在校長領導下兌現，從綠藤加入到現在，超過二十倍營收成長的背

後，可以說是一段AAMA學習史，而關於找尋這四題答案的線索，也都記錄在這本書裡。

這本書的成型，本身就極具創業精神，經過七年不斷地演進與淬鍊而成。還記得最早的雛形，應該是2015年7月由校長主講的「新創企業成長與管理轉型」前導課。由於台灣團隊面對的新創環境相較美國、中國有顯著的差異，即便市場有許多關於創業與新創的方法論，卻少有能直接適用於台灣新創團隊者，因此校長一直不斷地探索，台灣新創團隊必須掌握哪些關鍵成長要素，才能安然度過憂傷之谷，經過不斷希望與不斷失望，進而突破成長的瓶頸。校長希望透過有效的研究與歸納，來協助台灣這個世代的年輕創業者們面對成長議題，而台灣，會因此而變得更為美好。

這本書的與眾不同之處，不只在於根基於量化模型的架構、大量的台灣新創案例，同時也在於校長在第一手的現場，直接見證新創團隊大量悲歡離合的故事後，針對台灣新創的眾多關鍵議題所給予的直接觀點：

- 共同創辦人應該如何選擇？同學可以嗎？
- 願景、使命到底重不重要？
- 執行長在創業的不同階段，有什麼不同的任務？
- 何時應該建構人資團隊？
- 企業文化應該刻意、主動地定義及建立，還是慢慢有機形成？

在創業的過程之中，我一直很喜歡瑞・達利歐（Ray Dalio）在《原則》（*Principles*）一書中所提出的公式：「痛苦＋反省＝進步」。如果每次面對不如預期的痛苦，我們能夠痛定思痛而不是逃避，結果就是快速學習與進化。創業，必然得面對大量不如預期的痛苦，如果能加上不斷地反思，可以成為我們不斷進步的動力。這本書中，校長的許多直接觀點看似簡單，背後其實卻是AAMA新創團隊們所經歷大量痛苦與反省的沉澱，期待能為台灣更多創業者們帶來價值。

如果你正在台灣創業，你不應該錯過這本書，不妨邀請你的核心團隊，從一起填寫「成長關鍵要素自我評估問卷」開始，在「新創企業發展的四個階段」找到自己，釐清「現階段的發展重點」是否明確，討論與取捨現階段的營運重點。接著，考慮召開一個「策略工作坊」，根據不同的關鍵要素，找到專屬於你的優勢以及不足之處，探討如何充分發揮團隊的現有優勢、避開不足之處或建構起相對應的支持系統，討論書中有哪些案例讓你們特別有共鳴之處，或可借鏡的做法。

還記得2012年，我在麻省理工學院（MIT）就讀，當時的我，非常羨慕當地新創生態圈的興盛，單單麻省理工一週間的新創活動，可能超過當時台北一整季的數量。校園內，琳琅滿目的駭客松（Hackathon）、新創招募、創辦人演講，學校、政府、大型企業、加速器與新創間有錯綜複雜的合作關係，甚至在校園旁邊的咖啡店，會聽到陌生人們不斷討論最新的科技與創業的可能，當時的我，非常羨慕。

　　走在2022年的台北，上面這些元素已然並不稀奇，如本書所述，台灣的新創生態系逐漸從沙漠發展為熱帶雨林，根據國際新創生態評估機構的研究，目前位處於萌芽的階段，已經略具規模。很謝謝顏漏有校長讓這本書在AAMA十週年之際得以問世，讓AAMA台北搖籃計畫「成功不可複製，智慧可以傳承」的核心理念，能幫助更多台灣創業路上的朋友們，更多的新創，可為台灣創造更多的價值。而我真的相信，在台灣創業，可以是一件幸運的事。

推薦序

台灣新創企業的發展指南

簡立峰／前 Google 台灣董事總經理

　　過去十多年，台灣新創在全球創業版圖一度呈現空白。面對以數位服務為主的新經濟，台灣傳統創業模式並不適用，需要不同的新創支持系統與成功典範。

　　台灣傳統強項是 B2B 代工的製造業，著重成本控制，重視廠房、機器設備等資本投資，以及高效率員工管理。三十多年前，中國開始改革開放，台商全面西進。在中國龐大人力及市場的加持下，台灣製造業蓬勃發展。然而企業重心轉移之後的台灣，卻也出現產業發展真空。

　　2010 年前後，隨著智慧型手機普及，網路科技風起雲湧。這時間也是中國經濟狂飆，所謂 BAT 崛起的時代＊，數位經濟成為世界各地創業主流。數位新經濟，重視商業模式創新，強調品牌認知、服務市占與黏著度，重視員工價值、文化

＊ BAT：指百度（Baidu）、阿里巴巴（Alibaba）、騰訊（Tencent）三家公司。

形塑等軟實力。面對排山倒海的新經濟，台灣固有創業模式受到巨大挑戰，加上產業外移，創業氛圍一度非常低迷。

　　幸好經過十多年的內化、蛻變，台灣新創終於重新破繭而出，近來已有Appier、Gogoro、91APP等獨角獸誕生，不少新創也能夠征戰海外；本地市場為主的新創，也能不斷創造更好的服務。大型數位新創雖然還不算多，但開發出的電商、支付、行銷、加密貨幣等應用，也能跟上國際腳步。

　　這一路走來，除了創業家們奮鬥不懈的努力，不少社會先進與創育組織，自發性地從不同角度注入資源，協助年輕人創業，也是重要因素。這中間包括顏漏有先生（新創圈習慣以校長稱呼）。

　　顏校長領導、創立的AAMA台北搖籃計畫（2020年正式成立「創業者共創平台基金會」），十年來，成功凝聚跨世代企業家與超過二百多位年輕創業家，建立出積極、正向的學習社群，對創業經驗的形塑與交流，非常有貢獻。

　　顏校長除了用心輔導年輕創業家，本身也具備紮實的顧問業背景，更費心從中觀察分析許多代表性案例，諸如出海上市成功的Appier、以App行銷國際的凱鈿、新一代社群平台Dcard等，深入探索出台灣新創得以成功的關鍵要素，完成這本《新創成長的關鍵》大作，可以說是台灣創業圈十年修練的重要注解，也是新創團隊的發展指南。

　　有別於一般國外創業成長的著作，這本書是以台灣本地新創作為案例，提出更能貼近台灣創業環境的發展建議。這些觀

察、分析都彌足珍貴，因為能同時與這麼多創業家長時間、深度認識，除了顏校長，很難有人出其右。

如同校長所說，成功很難複製，但智慧可以傳承。本書所歸納出的關鍵經驗，都有清楚的組織與陳述。讀者可以逐一檢視包括創辦人與核心團隊、企業文化、商業模式與成長策略、營運與協同等主要議題，也可以從豐富的舉例與創業家對談，學習到原汁原味的創業經驗。

我關注台灣新創發展，是2006年年初加入Google、負責在台灣成立全球研發中心開始。2020年從Google退休，也擔任包括Appier、iKala、Airoha、KKday等新創的董事及顧問，有更多第一線觀察。

我非常認同本書所強調，創辦人及核心團隊所具備的學習能力，是成功第一要項。新創高度依賴創業家自我成長。從工程產品、業務推廣、財務甚至法務，可能樣樣都得涉獵。台灣創業生態還未十分成熟，學習曲線更長，創業家的自我學習能力，更為重要。

另外，新創在資源、規模相對有限的條件下，唯有透過創新文化的形塑，才能在草創階段吸引對的人才。因此，創辦人的服眾能力也是關鍵。這也是矽谷所謂「前十員工準則」，也就是要評估創業家的能力，只需觀察前十位員工是找到怎樣的人才即可。

企業一定是在挑戰中成長，商業模式及成長策略需要不斷演繹，創業家要勇於停損、快速轉進，所謂唯快不敗；規模

稍大，營運管理的問題會接踵而來，也要有雅量接納各種專業經理人；成功創業家更要避免大頭症，與創業夥伴包括合作企業，要能持續共創價值，新創才能持久。

　　本書所分析的新創案例，都屬於素人創業，並無企業集團的奧援；也多運用網路數位科技，努力開創新商模；企業總部也在台灣，但服務多並不侷限於本地；在市場開發方面，也仰賴網路與社群推廣。這樣的發展方式，如前述，與台灣傳統製造業雖然大相逕庭，但絕對是所有新時代企業，都必須發展、克服，因此本書也適用於傳統企業轉型參考。

　　數位經濟是網路到哪裡，服務就到哪裡，是無國界的。台灣創業家對國際市場的企圖非常重要。台灣地處太平洋，是東亞中心點，環抱著超過二十億人口，新創不出海不能擁抱這個大市場。而且面對少子化，未來所有企業都需要更積極延攬國際人才，不論是透過遠距工作，或者成立海外分部。

　　台灣新創還有很大的成長空間。台灣經濟的成長動能，目前還是仰賴成熟企業的持續創新。一些新領域如高階半導體、電動車、綠能與儲能、生技製藥等，都是成熟企業才有資源與環境推動。台灣新、舊產業需要整合，舊產業有硬底子，新產業有軟實力，少子化的台灣，只有整合才能有更好的發展。

　　最後，很榮幸有此機會，拜讀校長的大作，並受邀為文撰寫此序。對書中的諸多觀察與歸納，常常心有戚戚、十分有感。許多寶貴見解，更是新創團隊的發展指南。想創業的讀者們，相信透過本書的提點，一定可以少走許多冤枉路。

推薦序

創業的浪漫革命

蘇麗媚／夢田影像創辦人暨執行長

　　應該是回任AAMA第三期導師那年，一場與當期創業家的見面會上，記得當時我說：「十年後，AAMA所有創業家成長後形成的樣貌，極有可能會是台灣未來的輪廓，很開心在人生下半場能和他們一起同行，做這件像是在進行一場革命的創業之旅。」那時對每一個流轉過我面前的創業家，心裡確實充滿了期待，更相信這個可能的「革命」會發生，會有機會改變台灣這個小島無限大的未來。正如詩人羅智成在《夢中邊陲》詩集裡描述的，「基本上，我們做夢，隱隱然都暗藏著一個，竄改世界的企圖。」

　　2012年，一個別具意義的年份，離開我奮戰近二十年的媒體工作，帶著累積一身的所學所能、名號光環、人脈資源甚至是影響力，但是不太尋常地，我沒能感覺到成就感？反而心裡總是反覆地想，帶著這社會滋養我、給予我的所有，下一段人生，究竟我會是誰？我似乎知道我從何而來，卻不知道該去

哪裡？不是沒有方向，而是可以選擇的非常多，像被捧於手掌心的瑰寶，備受注目。到底，能讓這個「自我」真正感覺存在的該是什麼？「你可曾越過那道薄薄的刀鋒，看到人生另一邊的風景？」英國作家毛姆（W. Somerset Maugham）在《刀鋒》（*The Razor's Edge*）一書裡的哲學，強烈引領著我心裡不斷叩問，渴望超越一切世俗現實去尋求「真我」的處境。直到遇見「AAMA台北搖籃計畫」有了答案。在一個對的點遇上一件對的事，在一個生命過程中遇見一件能令自己狂熱的事，它正是我願意，用盡所有、所能去追尋的價值，有時候這「答案」的發生，就只是「我在這個點上遇見這件事」！

　　「AAMA台北搖籃計畫」也是2012年由顏漏有校長發起，我在詹宏志先生、陳素蘭社長的邀約之下加入至今，以一個非正式組織（我比較喜歡用「地下組織」形容）成立了台灣第一個跨世代共學平台，連結成功創業家及專業經理人，來協助缺乏經驗及資源的年輕創業者，透過平台讓對的人與人、事與事相遇，交會出各種意想不到的可能。第一次理事會還有簡立峰、朱平、陳郁敏，一群好友共同參與，記得當時這個地下組織有點家徒四壁（可是覺得很酷），還好當時詹宏志先生和陳素蘭社長讓巨思文化（《數位時代》）收留，提供了無私的資源，包含貢獻了陳素蘭社長親自擔責組織的執委會親力親為，還有，人稱小花姐的現任執行長林蓓茹（Jasmine），因為她們一路呵護，無私付出，讓這個組織一路茁壯至今，終於累積下十年來關於台灣新創生態圈這些珍貴的經驗和心法，有機會透

過顏漏有校長一字一句毫不藏私的書寫整理，梳理精華、歸納脈絡，對社會報告屬於我們台灣自己最合適的創業學。

　　「創業不只是做跟別人不一樣的事，如同登山一般，不是為了『攻頂』的虛榮感，而是感受生命的重量，同時，也要體認，當你決定走在路上，往往就是要不斷前進。」曾經攀登過至少十座三千公尺以上高山的顏漏有校長，在書中以登山體悟到的哲學，勉勵著創業家們。讀完整本書稿，感動書中那一篇篇書寫，正像是想帶領著創業家們，跨越那一個又一個他們即將遇上的困難，傳授征服一座又一座高山的路徑和經驗，告訴你，哪裡路不通別走冤枉路；哪裡有糧食補給不要錯過；哪裡有坑千萬別踩；哪裡有手跌倒時你可以抓住，並且耳提面命提醒「不輕言放棄」，前進的理由只要一個，後退的理由卻無數；時時叮嚀「不忘初衷」，千萬不要因為走得太久，而忘記了我們為什麼出發。2012年至今，台灣新創擘畫了這關鍵十年，不能說已經璀璨繽紛，但新創生態系各個關鍵環節悄然萌芽，地景風貌儼然成形，在書中，顏漏有校長正為我們描繪出這難得的風景。

　　「在一個對的點遇上一件對的事」。回想當年，如果沒有顏漏有校長發起這個地下組織，從成立至今全力投入，付出所有資源、人脈，用「心」帶著這個組織、陪著越來越多的創業家們，一步一步往前不懈；如果沒有詹宏志先生連一秒鐘都沒有考慮就答應了支持這個計畫，還給出了自己身邊最強的執行團隊來運作這個組織，今天這件事應該是不存在的。

讓對的人、事、物相遇連結？如何給予？至今一直都是深深嵌在AAMA組織文化裡的大哉問，看著創業家們各自不同際遇，如何能提供更多不同面向的給予？超越僅僅是樣板的成功定義，能如絢麗鑽石不同切角折射出千變萬化、色彩繽紛的可能。期待著我們下一代的青年創業家，能因我們而啟蒙、茁壯，在挫折時不寂寞，跌倒時有人為他拭血；期待他們「成功」，示範這個在世界地圖上，偶而會看不見的小島，那種無限可能的存在；期待他們「初衷」，無論走得多遠，都不曾忘記那顆「為什麼」而開始悸動的初心；期待他們「傳承」，記得所有曾經無私給予的人事物，並傳承回饋，不息。那時，「創業」就真正是人生中再浪漫不過的革命了。

獻給所有持續努力

讓社會變得更美好的創業者

目 錄

成功不可複製，
智慧可以傳承

　　Startup Genome最近公布的「2022年全球新創生態系報告」（The Global Startup Ecosystem Report），矽谷、紐約、倫敦、波士頓及北京列入前五名，亞洲的城市有北京、上海及首爾名列前十名。台灣（以台北為代表）列入新興創業生態系名單之中，台灣的新創生態系目前位處於萌芽期。

　　在台灣談到新創生態系的發展，大家總是會談到美國矽谷、以色列成功的經驗，或是中國北京或深圳快速發展的生態系。我們希望努力學習他們的模式，試圖踏上他們成功的路徑。只是台灣面對的新創環境與社會文化是如此不同，值得我們思考的是，除了借鑒其他國家城市的經驗，我們如何創造屬於台灣獨特的新創生態系。

　　Techstar共同創辦人菲爾德（Brad Feld）在最近的新書《新創社群之道》（*The Startup Community Way: Evolving an Entrepreneurial Ecosystem*），談到新創社群是創業生態系非常重要的一部分，每個國家或城市的新創生態系是獨一無二的；同樣地，每個新創社群也是無法複製的。我們可以從其他成功的新創生態系或創業社群學習發展的經驗，或加強與它們的連結，但是，我們更需要創造屬於台灣自己獨特的生態系及新創社群，來協助台灣這個世代的年輕創業者。

　　創業者是新創社群的核心，也是整個新創生態系最重要的部分。新創社群最重要的任務是「協助創業者成功」，雖然所謂創業成功的定義不同，但對創新型的新創企業我們常說「不成長就死亡」。「成長」永遠是新創企業所面臨的最關鍵議

題。我們常說新創企業從0到1非常不容易，但是我們觀察到從1到100所面對的挑戰更大。

　　台灣在數位時代的新創企業，所面對的創業生態及經營環境，與其他國家或城市也不盡相同，國外新創企業成長的經驗，不一定完全適用。另外，每家新創企業的商業模式、經營環境、進入市場的時機、創業團隊及人才，甚至於企業文化都非常不同，因此，一家新創企業成功的經驗，不一定可以在另一家新創企業完全複製。但是我們認為，可以試圖從台灣過去十年已經成長至一定規模的新創企業，歸納出它們成長的關鍵要素，提供給新創企業在成長的路上作為參考，相信對很多新創企業會有幫助。

開啟新創志工的第三人生

　　1990年代，台灣曾經在全球創業生態系扮演重要的角色，無論在科技製造、半導體產業的新創以及創業投資，都曾經是全球關注的焦點。隨著2000年產業大幅西進、網路泡沫、2008年金融危機，以及錯失行動網路的機會，台灣幾乎在全球新創生態系消失了，2000至2010年可以說是台灣新創失落的十年。

　　2011年6月，我在國際會計師事務所與管理顧問公司服務工作近三十年，從勤業眾信（Deloitte）中國正式退休回到台灣，這是我自1981年7月開始全職工作滿三十年的日子。回顧

我三十年的專業服務生涯，無論在大學教課、擔任專業會計師、轉戰管理顧問；無論在台灣、美國以及中國大陸不同的地點工作，我雖然不曾自己獨立創業，但是一直在服務的專業組織推動創新轉型或建立全新的專業服務。我在專業職涯發展路上，雖然曾經遭遇挫折，但應該算是相當順利。

我認為，那是因為在不同的工作階段一直有導師或貴人的提攜協助。當我結束三十年的職涯，探索下一個人生階段的時候，我開始問我自己，哪些事情是我未來十年或二十年會有熱情投入的？經過一段時間的探索及思考，一個隱約的方向慢慢浮現，那就是：我在自己的工作生涯得到貴人的協助，如果下一個人生階段，我可以善用我的專業經驗及社會關係去協助需要幫助的人，或許可以協助他們實現人生的夢想或是找到工作的意義。

台灣在2000年左右的網路泡沫化之後，經歷了台灣新創的寒冬。2010年後，開始出現一些新創社群。2011年，在台灣一直關注新經濟發展的《數位時代》成立「創業小聚」，我受邀擔任該雜誌舉辦的「Neo Star創業之星」選拔的評審，我觀察到台灣新創的潛力，但是也感受到台灣新創生態系尚未形成，需要新創社群的協助。

我想到，或許可以利用我成功推動北京搖籃計畫的經驗，成立「AAMA台北搖籃計畫」，邀請我們這個世代成功的創業家及專業經理人，來協助有夢想、願意冒險，但是缺乏經驗及資源的年輕創業者。

這個構想很快就得到《數位時代》發行人詹宏志及社長陳素蘭的支持，我們邀請包括朱平、陳郁敏、蘇麗媚及簡立峰一群好友的共同參與下，2012年4月，我們正式啟動AAMA台北搖籃計畫。

共學、共創、共好的交流平台

AAMA台北搖籃計畫一開始是以非正式的組織方式運作，一直到2020年7月為了長期永續發展及擴大影響力，才正式成立「創業者共創平台基金會」，以「協助創業者成功，共創更美好社會」為使命，期許透過共學、共創達成共好的社會。

AAMA台北搖籃計畫，作為一個以邁入成長期新創企業為對象的學習交流平台，每年邀請十二位導師，並從申請者選出二十到二十四位具潛力的創業者，我們透過導師一對一、成長工作坊、行動學習及導師多對一的多元學習方式，陪伴這些學員企業在創業的路上一起學習成長。

截至2022年7月，我們已經進入第十一期台北搖籃計畫，平台上目前已經累積有二百五十一位學員及九十四位導師。我們透過彼此學習、彼此陪伴，大家一起成長，成為台灣新創社群獨特的樣貌。

雖然每一期的搖籃計畫為期二年，但是本著結業不畢業的方式，我們有機會持續陪伴及觀察這些學員，看著他們的企

業如何從1到100成長的過程及挑戰。歷經過去十年的發展，我們發現，有多家學員企業的營業收入已經超過新台幣10億元，或是在可預見的未來一至二年，可成長為10億元。甚至，有的學員企業成為台灣第一家獨角獸。但我們也發現，很多學員企業在創業路上，雖然持續努力，但也遇到了成長的瓶頸，這也充分體現新創企業成長面臨非常多的挑戰。

探索新創成長的關鍵

過去十年，台灣的新創生態系逐漸從沙漠發展為熱帶雨林，台灣的新創企業不但受到政府及企業的高度重視，也開始受到國際新創圈的關注。AAMA台北搖籃計畫啟動至今也屆滿十週年，因此我們決定依據過去十年陪伴超過二百家新創企業成長的經驗，並選擇十家營收已經成長至10億元，或即將在短期的未來成長至10億元的AAMA學員企業，透過深入的訪談及分析，探索這些具代表性的新創企業持續成長的關鍵。

我們希望透過出版這本新書《新創成長的關鍵》，解開新創企業從1到100成長為10億元背後的祕密。除了說明新創企業在不同發展階段的營運重點及挑戰外，我們分析新創企業成長的模式並歸納出新創企業持續成長的五個關鍵要素：

1. 具進化思維的創辦人與核心團隊；
2. 形塑企業文化，吸引對的人才；

3. 動態調整商業模式與成長策略；

4. 持續優化營運管理架構及系統；

5. 協同策略夥伴共創價值。

我們了解，每家新創企業都有其獨特的商業模式及經營環境，因此，面對成長的關鍵議題時，所需具備的資源能力及挑戰，可能也不盡相同。但是我們相信，透過分享台灣新創企業成長的案例及經驗，對於邁入成長期階段的台灣新創企業，應該會有些啟發及學習。我們更相信，如果有更多的新創企業持續成長並邁向成功，對台灣新創生態系未來的發展應該有積極正面的作用，同時對台灣未來的產業及社會經濟發展也會有積極的影響。

在AAMA台北搖籃計畫屆滿十週年出版《新創成長的關鍵》一書，也代表我們希望透過分享台北搖籃計畫新創企業成長的經驗，給所有在創業路上持續努力邁向成長的新創企業。同時體現AAMA台北搖籃計畫「成功不可複製，智慧可以傳承」的核心理念。

第一章

台灣新創生態發展與展望

「這是最好的時代,也是最壞的時代。」

——狄更斯(Charles Dickens),

《雙城記》(*A Tale of Two Cities*)

舞台上，總統蔡英文與包括庫幣（CoolBitX）、Gogoro、綠藤生機、iKala、凱鈿行動科技（Kdan Mobile）、KKday、Pinkoi、17LIVE及91APP等九家企業代表，並列一排共同握拳出擊，宣示著新創國家隊的成軍！

這是2021年9月，國家發展委員會所主辦的「國家新創品牌NEXT BIG」發表會，除了總統與國發會同仁外，現場貴賓還包括台灣產業創生平台黃日燦董事長、台杉投資翁嘉盛總經理等貴賓，Google、微軟（Microsoft）等外商企業及外僑商會，及科技部、金管會等部會代表均到場表達支持。同在現場參與盛會的我，看到這一波新創企業受到政府相關單位更多的重視，深受感動，特別是新創國家隊成員有五家是AAMA台北搖籃計畫的學員企業，看到過去十年陪伴這一批代表性新創企業的成長更是特別有感，這是一個標誌著台灣新創發展歷程的重要里程碑。

總統蔡英文在發表會表示，近幾年台灣的創新實力受到世界矚目，已經連續二年名列四大創新國，而在最新的洛桑管理學院（IMD）評比中，數位競爭力全球第八，首度進入前十名，在全國平均總研發人力項目，更排名全球第一。

「過去台灣有『護國神山』的半導體產業，但是我們的下一個產業優勢在哪裡？NEXT BIG在不同領域上嶄露頭角，正給了我們答案。」國發會主委龔明鑫則表示，台灣在製造業時代有著許多激勵人心、白手起家的故事，為產業打下了厚實基礎，面對全球新一波的產業轉型浪潮，政府希望藉由這九家新

創象徵的領頭羊精神，鼓舞更多年輕世代勇於創新。

這九家國家新創品牌NEXT BIG的指標型新創，是經由三十位來自新創社群、業界領袖及政府機關代表共同推薦，產品服務涵蓋人工智慧（AI）、軟體即服務（Software as a Service, SaaS）、綠能、電商、旅遊、區塊鏈（Blockchain）、B型企業等重要領域，且不僅在市場上繳出亮眼成績，更是台灣和國際接軌的先鋒，顯示台灣在新創的多元性與能量。

不只這九家企業，在台灣，正有著懷抱夢想的新一代創業者，努力打造台灣作為「新創之島」（Startup Island TAIWAN）的全新樣貌。而我與AAMA台北搖籃計畫的導師與同仁們，則在旁一路陪伴與記錄他們奮鬥的故事。

在這十年陪伴歷程中，許多創業者踏上創業之路時，都時常被質疑「你有必要去圓那麼大的夢嗎？」但在他們身上，我看到不一樣的創業精神與人生渴望，他們在追求經濟成果之餘，在乎成就自己人生價值與永續社會的理念，如何透過創業的方式將價值觀傳遞出去。

我自己是最幸運的世代，雖然小時候環境並不寬裕，但成長在台灣經濟起飛的黃金期，在最繁榮的時代下，累積堅強的工作能力，我們這一代目前追求穩定，不願冒險。相反地，現代的年輕人，生活條件比我們以前大大改善，但面對的社會環境，要解決的問題，遠比我們複雜許多。

不過，他們看得多，也想得多，更重要的是，他們有活力、願意嘗試新東西，他們缺的是經驗、資源，這二個世代，

有沒有機會一起共創些新的東西？我常常跟朋友說，喜愛爬山的我，現在就像是在爬人生的第二座山，追求的不是薪水或職位多高，而是尋找生命的意義，是連結、幫助下一代的年輕人。

然而，如果想要連結不同世代，為台灣共創出新的東西，我們就必須回過頭，檢視台灣創業生態的發展歷程，特別是在這樣一個因為科技快速發展、中美對抗、疫情，致使全球正進入重整的時刻，我們需要從社會大環境與需求的演變，在相異的時空條件中，找出共同面臨的處境、價值觀與未來想像，才能提升創業社群、政府的協同合作能力，將創業資源適當地引導與置放。

談論創新創業之前，我們也需要先對創新創業的內涵提出我們的定義：新創事業重要的元素在於「創新」，創業者具備著高成長的動機，希望改變既有產業模式，亦即把新的商品與服務模式，導入市場之中，或者建立新遊戲規則，並且擴大規模，創造不一樣的經濟價值。因此關注的重點，自然不在於那些僅求基本謀生或自我雇用的創業型態，如雞排店老闆、自由接案者。

從美國與其他國家的經驗，我們發現，約10%的創新企業，可以創造出全國一半的年營收與就業機會，也就是說，少數幾位有志之士所創立的事業，驅動著一個區域國家的經濟表現，這是打通經濟活路的重要力量，台灣科技產業構築出的矽島優勢，正是台灣第一波創業大浪帶來的甜美經濟成果。

走過失落十年，創業浪潮再起

1980年代以後，時任經濟部長的李國鼎先生，在新竹園區起步後，多次前往矽谷招攬人才，約見上千位華裔科學家與工程師，邀請他們回到台灣發展。同時，他還推動了《創業投資事業管理規則》和《創業投資事業推動方案》，成立8億元的「投資創投基金」，當時台灣是全球第一個將矽谷創投模式引進亞洲的地區，領先香港、新加坡、日本、韓國等地。包括聯電、旺宏、茂矽、華邦，都曾得到創投基金的幫助。

然而，隨著2000年產業大幅西進、網路泡沫、2008年金融危機，加上《產業創新條例》中的租稅減免方案於1999年廢除，導致創投資金來源減少。最後，企業創投（Corporate Venture Capital, CVC）因為掌握產業中下游資源，占據了高比例的案源，抑制了新一代創投公司出現。這使得台灣產業錯失行動網路的機會，原本活躍的社群，也在全球新創生態系消失了。2000至2010年，可以說是台灣新創失落的十年。

在那段時間，台灣並非沒有創業者冒出，但這樣的狀態，多半流於單點的成績，而非連線成面的整體性運動浪潮。

例如2003年，交大學生簡志宇在宿舍裡架設的無名小站，2006年時，被雅虎（Yahoo）以7億台幣的價格收購。2004年，喜歡穿搭的女大學生周品均，抱著賺些零用錢的心情，以「東京著衣」為名，透過網拍的方式賣女裝，三年後，營業額已經破億，到2014年，營業額更是突破20億台幣，還

跨出台灣、進軍東南亞。2006年2月，104人力銀行掛牌，成為台灣第一家上市的網路公司。2008年由葉建漢成立的時間軸，在2013年被遠傳電信購併；2010年5月上線的來電過濾App服務「Gogolook」，也在2013年被LINE母公司韓國Naver宣布以5.29億台幣收購。

從以上的例子可以看到，數位相關應用服務在台灣的發展，機會其實不錯，然而，卻沒有吸收到上一個時代資通訊的最主要資源，形成一個良性新創生態循環，快速壯大。其中一個主要原因在於，以硬體製造為主的成熟企業，與軟體為主的新創之間，彼此的需求與重點不同，缺乏有效連結。

即使大環境並不夠成熟，但幸運的是，這群失落年代的創業者所展現的韌性與勇氣，讓台灣新創生態系網路從2010年開始，在有志者的努力下，新創社群開始出現雛形，也再次被政府與社會注意到，並重新開始萌芽成長。

從各國的經驗來看，以矽谷模式為首，英國、芬蘭、愛爾蘭、法國到中國，還有以色列、韓國等，都是極有企圖心推動創新創業的國家，其中，在各種推動策略中，新創社群是新創生態系非常重要的部分，每個新創生態系因為參與者不同，互動方式與關鍵連結也就各異其趣，因此不同地方的新創生態系都有其獨特的一面，無法全然複製。

不同於美國矽谷，連續創業家以及追逐風險報酬的投資者，構成了快速疊代的創業氛圍，也不若以色列由政府高度主導，引導創投及跨國資金投入新創。台灣的新創生態系，結合

二種模式,過去十年新創生態系在創業者、政府單位、創育機構、資金提供者、企業、學研機構及支持性組織共同努力下,呈現公私部門並行,以社群為基礎,取得階段性的成果,並長出鼓勵創新創業文化的特徵。

公私並行,凝聚台灣新創社群

一直關注新經濟發展的科技財經媒體《數位時代》,2011年舉辦首屆的「Neo Star創業之星」選拔,引發社會的關注,差不多時間,也出現參考矽谷模式,像是AppWorks這樣的加速器(Accelerator),凝聚新創社群。

我自己2004至2011年在德勤中國服務期間,曾經創立北京搖籃計畫並親眼見證中國網路產業的快速成長。2011年7月自中國大陸退休回到台灣,思考如何將自己的經驗為台灣社會貢獻一份力量,2011年底我受邀擔任「Neo Star創業之星」的評審,看著參賽的團隊,我相信,台灣這批數位時代的創業者,可以創造出台灣不一樣的創業社群,進而影響台灣創業生態系,並在未來對社會經濟的發展做出一定的貢獻。因此在2012年與詹宏志及一群朋友共同發起成立AAMA台北搖籃計畫,一個鏈結跨世代,分享經驗及資源,並以即將邁入成長期創業者為對象的共學平台。

民間開始動起來,政府方面也意識到,在創新創業潮中,我們不能缺席。這其中,如同全球狀況,金融海嘯使得台灣失

業率飆破6%是遠因，政府單位開始積極投入新創推動工作，透過2013年行政院組織改革，以「助青年圓夢」概念開始確立青年創業為跨部會議題。

　　從經濟部開始，青發署、教育部、科技部、國發會都陸續投入創業領域。行政院推出「青年創業專案」、「創業拔萃方案」及「社會企業行動方案」，並組成創新創業政策會報，整合及連結各部會相關資源。2016年政府擬定「亞洲‧矽谷推動方案」，建構一個以研發為本的創新創業生態系，以及推動物聯網（IoT）產業創新研發和強化創新創業生態系為主軸，輔以連結國際、連結未來及連結在地的三大連結。並針對海外人才，提出簽證、工作、居留、金融、稅務、保險及國際生活等改善策略，以建構友善留才環境。

　　2016年後，在當時主委陳美伶的主導下，國發會扮演起國內推動創業政策最關鍵的推手角色，例如組成「物聯網大聯盟」（2016年）、「區塊鏈大聯盟」（2018年），同時，也將推動重點從「產業」的角度，更一步聚焦到「國家品牌」和「指標新創」的面向，在2018年推出國家新創品牌「Startup Island TAIWAN」。

　　資金方面，國發會於2018年啟動的「創業天使投資方案」，在三年內投入20億元，提供一百五十家新創事業資金及企業經營相關輔導，不僅以「股東」角色取代傳統的「補助」概念，也強化與國內外創投基金合作的機制，都對於創業社群帶來極大的助力。從中央部會到地方政府，台灣創業資源從

2010年發展至今，雖然做法和對象有差異，相關資源已相對豐沛。

不只是政府單位逐漸認同建立社群（Community）生態系的重要性，積極與民間合作，創投端也慢慢建立對新產業的理解，並透過社群活動逐步融入，開始了解台灣新創的語言和心態，以及如何評估種子期新創的發展潛力，當這些帶著新時代眼光的創投有勇氣投資新創，也帶動傳統創投，甚至是企業創投開始加入市場。

2018年，國際性創業評比「全球新創生態系報告」首次以台北為台灣代表城市，列入新興創業生態系名單之中。根據該評比在2020年報告中的描述，台灣的新創生態系目前位處萌芽期（Activation Phase），已略具規模，但仍有所受限的新創數量及相關資源。如何增加早期資金和新創產出，將是幫助台灣生態系持續演化的重要目標。

看見台灣新創生態系面貌

相較於90年代創業潮，集中在資通訊硬體製造，分析近十年台灣創業題材，可以看到二大推進力量，展現多元的面貌。其一是延續台灣過往奠定的資通訊優勢，以雲端SaaS模式，深化軟體服務，進而切入智慧聯網（AIoT）軟硬整合領域。例如Appier（沛星互動科技）、iKala、Vpon（威朋大數據）、凱鈿、iCHEF這些團隊提供雲端軟體應用，也有像是耐能智慧、

雲象科技、創星物聯、上頂醫學影像、犀動智能等，分別切入能源、醫療、交通、物聯網等領域，擴展了科技應用範圍。

相較於數位化著眼的國際化，另一股力量則看重本土多元生活與永續發展，投入包括設計、文創、餐飲、教育等領域。教育類像是課程平台Hahow（好學校）、語言學習AmamzingTalker、歷史內容開發的台灣吧等。也有不少團隊從地方創生角度切入，希望復興地方產業、創造就業人口，促進人口回流，例如AAMA學員之一的茶籽堂，創辦人趙文豪，從2014年開始團隊整整花了三百八十天的時間，走遍台灣無數個山頭，跑了二十多個農業產區，啟動「苦茶油復興之路」計畫，並積極參與宜蘭南澳社區的地方創生，也有著重於文化議題策展與展示設計的宜東文化、衍序規劃設計顧問等團隊。

此外，過去台灣較不擅長的生活品牌，也看到年輕創業者的投入，像是純淨保養品牌綠藤生機、茶品牌京盛宇、綠色洗髮用品歐萊德、生活雜貨印花樂、開發寵物食品的汪喵星球。他們內心都有一個夢，希望重新發現並傳遞生活中的美好價值，留下一些東西給台灣。

不論是何種產業領域，台灣的新創已非初生之犢，在世代意義上，進入再循環階段，其中一項指標即是連續創業家的出現。例如91APP董事長何英圻、XREX創辦人黃耀文、KKday創辦人陳明明、區塊鏈應用DeFi新創公司波波球（Perpetual Protocol）的馮彥文、Fansi創辦人陳泰谷等，均為連續創業家。或者，也看到創業家轉身成為創投，像是無名小站的簡志

宇、陳泰谷轉任Quest Venture Partners亞洲地區合夥人、曾共同創辦Cubie Messenger、Gamelet等社交應用的程希瑾，成為矽谷創投Hustle Fund合夥人，他們帶著創業的經驗、創投的眼光，給台灣本地創業社群注入不一樣的能量。

　　這些已經做出成績的創業者，大多積極參與社群，不僅僅是商業層面上的合作，老創挺新創也有助於創業文化的經驗傳承。此外，我們也看到，不少擁有產業經驗的經理人，願意跳出大企業舒適圈，投入創業社群，這都讓台灣創業的經驗逐漸累積，幫助整體環境愈加成熟。

一、帶著務實經驗的創業者們

　　由於新創生涯風險高，且需要具備新的知識，加上矽谷車庫創業的印象，就一般的認知，科技新創創業者的主要臉譜，多認為以學校剛畢業或是職場新手居多，然而，在台灣的狀況，反倒是出現成熟化的現象，許多創業者都是經過大企業的歷練後，才投入創業。

　　依據《數位時代》2018至2021年的創業大調查數據分析，四十一歲以上的創業者占比，從25%增加至41%，其中，三十至四十歲的創業者，更占了50%，而三十歲以下的年輕創業者比例，則連年下滑，2021年僅總占約10%。資誠聯合會計師事務所（PwC Taiwan）《2021台灣新創生態圈大調查》，也同樣呈現這樣的面貌。台灣創業者平均的工作資歷為11.9年，且90%以上具有大學學歷。

在我們 AAMA 台北搖籃計畫中，就有不少這樣帶著產業經驗創業的例子。iKala 創辦人程世嘉是台灣 Google 最早一批工程師；Pinkoi 創辦人顏君庭，創業之前是美國雅虎的工程師；Vpon 創辦人暨執行長吳詣泓，是 IBM 工程師出身。凱鈿的創辦人蘇柏州，待過工研院。耐能智慧的劉峻誠，曾任高通（Qualcomm）、晨星半導體工程師。COMMEET 創辦人洪明楓，任職明基集團多年。比起年輕人的熱血傻勁，多了些務實與穩重。

隨著科技創業愈加強調技術累積，並與企業建立更加深度的合作關係，可以想見具有深厚工作經驗的創業者，更能取得優勢。鼓勵成熟創業者投入新創生態系，甚至是大企業的內部創業，我認為是台灣新創生態系未來的重要趨勢和課題。

二、積極串連的中介合作者

在一批帶著新時代眼光的創業者之外，台灣新創生態系的運作模式，更大的推力來自個別行動者與中介支持性或合作性組織者不斷摸索、交流、說服、合作，甚至是試誤之後的成果。

在支持性組織上，包括媒體、法務與會計服務、公協會、展會活動、共同工作空間等，都積極地協助資源的引進，推動國際市場開拓、國內法規調適等新興產業常見的議題。例如國內四大會計師事務所，在 2014 至 2018 年間，就陸續成立相關服務團隊及加速器。

根據經濟部中小企業處出版的《2021 台灣創育產業報

告》，在各類方式中，台灣企業參與新創最傾向透過設立企業加速器的方式。同時在經濟部中小企業處輔導創育機構的背景下，2018年後台灣出現企業加速器設立的風潮。除了企業之外，也出現投資型的加速器，這些中介機構，都強化了開放式創新（Open Innovation）的力道。

台灣《新創生態關鍵10年及展望》研究報告指出，台灣整體創業大環境，還不足以讓新創團隊建立在市場中快速募資、驗證、失敗、重起爐灶的循環，這些中介性的創育機構，不僅提供眾多新創團隊另一種成長路徑，且幾乎以「陪伴新創成長」的使命感，幫助新創團隊磨練自身的商業模式，更降低了團隊對外媒合資源的難度。

隨著長時間的投入，包括AppWorks、Garage+、SparkLabs Taipei、AAMA台北搖籃計畫（創業者共創平台基金會）等中介性組織，也都建立了專業化的輔導能力，成為台灣培育新創較有成效的機構型態，甚至，好幾個組織不僅能從全球尺度招募團隊，更在亞洲區域內逐漸形成自己的生態系。

三、尋找成長新契機的大企業

相對於過去的垂直模式，現階段的創業，面對技術更新速度越來越快、資訊應用也越來越廣泛的環境，加上前一階段累積起的社群思維，不論新創或是傳統大企業，漸漸轉向為開放式創新驅動模式。

從大企業的角度，隨著數位應用的普及化，近年來大多面

臨市場飽和與數位轉型的課題，需要尋找新的成長曲線，然而，內部創新的方式，容易受到組織科層與獲利考量的影響，推動不易，因此希望透過外部創新方式，引入發展活水。

2018年之後，隨著台灣新創生態系逐漸成熟，大企業摸索出一套更有效的參與新創模式，亦即由大型企業提供客戶及市場作為應用驗證場域，並給予新創資金協助，彼此分享風險，也分享盈利，以硬體製造為主的傳統企業和以軟體發展為主的數位新創公司，開始覓得可以共創價值的機會。像是緯創資通、研華科技、廣達科技、佳世達科技等，都算是相對積極的企業。

例如研華於2017年就成立「研華 x StarFab物聯網加速器」，鎖定智慧製造、智慧醫院、智慧零售、智慧環保與能源、AI與工業用無線技術等領域，以商業合作、共同開發為核心，預計三年內至少育成十五家新創公司。此外，研華在2022年與創業者共創平台基金會及中華電信共同推動「AIoT共創計畫」，探索及驗證大企業與新創企業共創模式及案例。

然而，根據《2020台灣產業新創投資白皮書》調查，台灣目前仍有約70%企業尚未與國內外新創圈有合作，顯示不論是企業參與新創或CVC投資，都還有很大的發展空間。

邁向未來創新之路

綜觀台灣這十年的新創發展，算得上是站穩了腳步，且

自2020年之後，有更多台灣新創團隊開始重視海外市場的拓展，如何進一步推動國際鏈結的探索與深化，將會是台灣生態系下一個發展的方向，不過，仍有幾個挑戰需要大家一起聚力合作克服。

一、快速移動，疊代創新

過去十年浸淫在新創生態圈觀察，我跟許多朋友常談到一個現象，即台灣新創成功率不高，但存活率很高。不少新創最終轉為以專案模式經營（Project Base），而喪失進一步成長的動機，這真的很可惜。

探究原因，其一，台灣新創生態環境雖在進步，但還不夠成熟，資金或資源取得上，仍有一定難度，專案模式相對容易取得營收，創業者為了維持團隊存活，不得不做出這樣的選擇。原因之二則是，台灣從人事、租金到營運的各項費用都偏低，團隊存活的機會成本也較低，另一方面，如果新創的規模太小，缺乏下一步成長所需的動能與資源，就必須加快整合的速度，才有機會成長。

特別是近幾年來，從中美貿易對抗、地緣政治興起、疫情衝擊、通貨膨脹到產業面的Web3新應用浪潮，面對快速變動且不確定的商業環境，整個創業生態系必須加快環境疊代與試誤的速度，建立樂於從錯誤中學習的文化思維，因為失敗的經驗，將可能促成下一次嘗試的成功。

二、國際視野，出海擴張

　　台灣在發展創新創業的歷程中，最常被提及的限制，便是台灣二千三百萬的用戶人口數，在一個不大不小的狀態，不像芬蘭或以色列，不到千萬的人口數量，企業早就體認到出海的必要性，台灣雖然人口數達二千三百萬，卻也不足以形成具規模的家鄉市場（Home Market），因此，尋找海外市場對接勢在必行。

　　相對於美國市場作為全球創新領頭羊的地位，數位應用服務競爭激烈，且文化隔閡度較高，台灣新創的能量，難以應對，而中國雖然市場大且具有文化親近性，但市場相對封閉性高，又有一定的政策風險，曾經一度的西進美夢，早已做了大幅修正。

　　反倒是日本與東南亞，不論地理位置的接近性、市場規模，或是未來發展潛力，相對而言，台灣新創較有能量對接。其中，特別是B2B2C的模式，在台灣優秀的資通訊技術基礎下，具有一定的發展優勢。

　　從幾家新創的經驗，我發現，以不同優勢專長，建立分散式的國際經營架構，進行市場開發、資金募集與技術研發，是一個不錯的經營策略。例如Appier的財務在日本、技術在台灣、市場運營在全球，Vpon選擇技術在台灣、業務在香港、市場在日本。AI晶片公司耐能智慧，則是將美國作為研發基地、台灣作為製造基地，中國則為重要的應用驗證場域。多方

資源的整合，都讓他們得以加快成長的腳步。

　　同時，我們也觀察到，台灣具備優質的數位軟體人才，吸引國際性科技公司或新創聘用台灣的數位軟體人才，在本地遠距提供服務。因此，台灣新創社群，一方面應以更宏觀的視野，全面盤點各地可與國際鏈結的基礎建設與資源，另一方面，也必須回頭檢視自身的商業模式與組織能力，並建構起能夠吸引國際人才的環境，才能在近來全球局勢重整之際，找到屬於自己的特色與定位。

三、資源重組，共創價值

　　過去十年，我們雖然已經看到大企業與新創開始攜手，然而，面對消費者意識抬頭、新科技推陳出新、全球產業價值鏈體系轉移，彼此合作的速度與範圍，都還有許多進化的空間，例如未來型產業如半導體、AI、綠能、電動車到生技醫療等，特別是深科技領域（Deep Technology），因為需要較長的投入期，且應用範圍不明確，都需要更有效的合作或融合機制，將大企業資源與新創活力連結起來。

　　不僅是商業產品服務，在資金端也需要重新盤點，讓台灣創投依據領域強項走向專業分工，並對接企業CVC進行後續投資，既能滿足新創團隊在後續階段更加大量的資金需求，也能同時克服創投公司七到十年委託管理時間的限制，讓新創團隊可以有較餘裕的空間，追求長期的成長而非短暫的獲利。

　　知名財經作者赫弗南（Margaret Heffernan）在《未來的競

爭力不是競爭：從針鋒相對到合作共享，翻轉思維重寫經濟法則》（*A Bigger Prize: Why Competition Isn't Everything and How We Do Better*）一書中提到，這個時代最大的危機，就是把競爭當作解決一切複雜挑戰的萬靈丹。表面上看來，競爭可以激發創意，但在現實裡卻是激發山寨與低價惡夢。想要創造新的生活與型態，就必須積極尋求共享、共創、互信互賴的工具和環境，將商業競爭從過往的針鋒相對，走向合作共享的模式。

　　在國發會NEXT BIG的發表會上，iKala創辦人程世嘉致詞的一番話，令我感動。他說：「我的女兒剛剛上小一，我希望透過我們和政府一起努力，讓下一代在長大之後，會覺得生在台灣，真是一件幸運的事情。」

　　關於台灣經濟奇蹟與創業故事的報導不缺，但是，唯有當我們可以用更系統性的眼光，看待台灣創業生態環境的發展歷程與轉折，挑戰並交換彼此的經營思維，才能推著我們更貼近創業現場，找出共同經驗、知識與工具，真正把社群生態系統更完整地建立起來。

　　過去十年，台灣已出現一些指標性的新創企業，它們必須面對國際市場的競爭，持續加速成長，讓國際市場看見台灣新創的成功故事。同時除了鼓勵更多有經驗的人投入創業的行列外，我們更希望看到剛起步的新創企業在未來十年，有數十家甚至於數百家，能夠加速成長為營收超過10億元的企業，並為台灣未來產業發展建立堅實的基石。

第二章

新創企業發展的四個階段

「你不會失敗,直到你停止嘗試。」

——阿爾伯特・愛因斯坦(Albert Einstein)

　　2021年3月30日，台灣時間上午8點。人工智慧新創公司Appier，有著不同於平日上班的氣氛，創辦人游直翰，手持帶有日式風格的鎚子，在辦公室裡，透過直播連線，敲下歷史性的一刻，完成日本東京證券交易所（Tokyo Stock Exchange）Mothers創業板掛牌的關鍵里程碑。

　　當日Appier以1,600日圓掛牌，開盤旋即大漲三成，盤中報價2,097日圓，換算市值達2,094億日圓（約545億台幣）。這是繼1998年「趨勢科技」於東京上市之後，二十三年來第一個登上日本資本市場的台灣軟體公司，對於台灣創業圈帶來莫大的激勵作用。

　　Appier於2012年成立，上市之前，自2014年6月得到紅杉資本（Sequoia Capital）的首輪600萬美元資金，五輪募資共募得1.615億美元，約合台幣46億元。台灣第一隻數位獨角獸誕生。Appier證明了AI數據服務SaaS商業模式的可行性，成功跨越了新創發展最困難的轉折關卡。

　　創辦人游直翰，是AAMA台北搖籃計畫第一期的學員。不久前，我跟他訪談，他笑說，當年參與AAMA的甄選，怎麼也沒想到自己會入選。「那個時候，我們沒營收，也沒工作經驗、資歷，我一直很好奇，當初AAMA怎麼會選上我？」

　　「因為我跟其他導師覺得你跟團隊非常特別並具有潛力，」我這麼回答。回想起來，雖然他們那時的確非常早期，但Appier有技術、有具國際視野的創辦人，更重要的是，我們看到創業團隊有著想要改變世界的企圖心。

　　創業的種類有二種，第一種是微型創業，專注於服務在地市場、規模較小、相對缺乏創新的元素，創業的主要目的是追求個人的獨立自主並創造一些當地的就業機會；另外一種是創新導向的創業，相對風險較高同時企圖心也較大，想要服務的市場及客戶包括全球性或地區性。

　　通常後者類型的創業，需要利用團隊合作，也必須思考商業模式、技術或產品的創新。雖然創新導向的創業在初期的進展較慢，但是一旦找到「產品市場適配」（Product-Market Fit, PMF），再加上對的資源投入就有機會成為快速成長企業。本書討論的新創企業是以創新導向的創業。

　　《MIT黃金創業課：做對24步，系統性打造成功企業》（ *Disciplined Entrepreneurship: 24 Steps to a Successful Startup* ）一書作者奧萊特（Bill Aulet），從任職IBM到成功募集1億多美元的新創事業資金，成為創造出數億美元的市場價值的創業家，之後擔任麻省理工學院馬丁創業中心（Martin Trust Center for MIT Entrepreneurship）董事總經理、麻省理工史隆管理學院（Sloan School of Management）實務教授。他認為，創業精神既是一種思維，也是一種技能。「創業絕對可以學，而且可以是有步驟的。」對他而言，為了單純地實現夢想而創業，擁有清晰的商業邏輯與明確的驗證紀律，才會提高創業成功的機率。

　　雖然，很多人會說，不論量體、社群動能、政策法規等條件，台灣的創業環境與美國矽谷不同，但是新創企業發展的過程，基本上是相同的模式，真正的差別在於，大市場的新創企

業，市場的規模及潛力、成長模式與速度、可利用的資源，可能會較有些優勢。因此，要討論創業，就必須先了解新創的不同發展階段重點。

在探討創新導向新創企業的發展過程，可以將新創企業發展階段定義為從創業的點子開始，到設立公司，再到公司成功上市櫃、被併購或營收達到一定的規模。新創企業可以將其劃分為四個發展階段，每個階段發展的重點及營收規模可以分類如表4-1。

表4-1　新創企業不同發展階段的重點與營收規模

	發展階段	發展重點	營業收入（新台幣）
一	創建期階段	• 探索創業點子； • 選擇共同創辦人； • 募集早期資金； • 開發與測試初步產品。	小於1,000萬
二	產品市場適配階段	• 驗證產品市場適配； • 聘用所需人才及取得資金； • 建立初期營運管理流程及系統； • 探索有效客戶開發模式。	1,000萬至1億
三	快速成長階段	• 研擬適合的成長策略； • 管理組織的快速成長； • 取得快速成長所需資金； • 優化營運管理流程及系統。	1億至10億
四	持續成長階段	• 研擬持續成長策略； • 建立策略管理系統； • 準備及進行上市； • 管理組織持續成長及營運卓越性。	10億至50億

營業收入因為不同的商業模式可能在不同階段不盡相同。各個階段關注的營運重點不同，每個階段的成功並不保證下一階段會順利成功，有的新創企業可能一直停留在第一階段或第二階段，它並未結束營業但也沒有辦法繼續發展，這就是我們常說的僵屍企業。僅有非常少數的新創企業可以成長到第四階段。

前二個階段是新創企業追求存活（Survival）的階段，新創企業關注的是如何「不要死亡」；至於後二個階段則是新創企業追求繁榮（Thrival）的階段，關注的是「如何贏」，如果能找到對的成長方向及必要的資源，包括團隊及資金，就有機會快速成長。

第一階段：創建期——打好公司基礎

創建期階段需要完成的事情，包括釐清創業點子、建立創始團隊、聘用外部顧問、募集初期資金、訪談目標客戶、定義市場並開發產品。這些事情都互相關連且重要。它不一定有清楚的定義及順序，創始團隊必須隨時因應可能的變化而做必要的調整，這個過程往往是令人沮喪又面臨很多挑戰。

最關鍵的，就是創業的起心動念：為何要投身這樣的事業？存在的目的究竟是什麼？創業就是在「發掘機會」，擁有開闊的心胸和一些想像力很重要。

我想起2017年，AAMA台北搖籃計畫導師及眷屬的秋季

小旅行。這不只是一次小旅行,而是讓我深刻感受到,創業者對於台灣這片土地的關懷。真是一次有意義又有溫度的旅行。

第一站,我們到了台北搖籃計畫第三期創業者鄭涵睿創立的綠藤生機桃園農場,實際了解及體驗芽苗的生長過程。在農場裡,我感受到一群熱情的年輕人秉持真實、健康及永續的使命宣言,逐步推出各種天然有機的產品,實現他們對環境及消費者的承諾及堅持。

我們還去新竹一家看起來非常「傳統」的企業春池玻璃。他們雖然已經是二代接班,但二代經營者仍保有創業家的精神,不但堅持第一代循環經濟永續發展的初衷,持續五十年將廢棄玻璃循環再利用,並研發創新材料以創造價值,更難能可貴的是,第二代在原有的基礎上結合跨界創新產品設計並積極打入國際市場。

對於想要專注的事情,必須堅持下去。更重要的是,創業的第一步,必須從別人的需要中,看到自己的責任,而不只是想著要賺錢。因為在創業的路上,挑戰很多、誘惑很多,一旦分心,就會離你的目標越來越遠,甚至走上一條暗黑的不歸路。

多扶接送創辦人許佐夫,也是AAMA台北搖籃計畫第一期學員,我個人曾擔任過他的直屬導師,讓我有機會對銀髮照顧產業有更深一層的認識,同時,也看到一個滿懷希望改善社會問題的社會企業創業者,在市場失靈、政府失能的情況下,面對困境時,仍不改其志地堅持走下去,願意嘗試以商業模式

來協助解決社會問題。雖然他目前仍在創業路上艱苦奮鬥，這個願意改變社會的勇氣是值得肯定的。

沒有人是天生的創業家，因此若缺乏審慎思考、對創業項目的承諾與決心，以及對個人能力的充分認知，難以降低創業失敗的風險。

有了承諾與決心，創業算是跨出第一步。

重點一：探索創業點子

創業的原因很多，有些創辦人看到一個新產品或新市場的機會，有的創辦人可能看到一個技術或商業典範轉移的機會，這種創辦人通常是著迷於看到的機會，願意承擔相當的風險，因此願意投入時間和精力去實現它。

另外有一種創辦人，可能是在公司內部看到問題，但是公司並沒有想要改變，或是因為個人對某些問題沒被解決帶來的失望，因此決定要創業去改變它；也有些創辦人創業的點子並非來自自己本身，而是來自其他共同創辦人、朋友或產業的專家。創業的點子總是代表一個商業或產品的點子，它可以是解決客戶的問題，或甚至於破壞一個原有的市場。創業的點子總是激勵創業團隊的熱情投入並願意承擔風險。

有時候我們發現，有些創業的點子比較針對一項技術，認為只要開發一項新技術，就可以創造機會，通常在這種狀況下成功的機率並不高。比較適合的創業點子，最好是從解決客戶未能解決的痛點開始。它代表可能是一個潛在的大機會，透過

開發一個產品或解決方案來實現此機會。技術可能只是用來差異化的因素。

　　iCHEF創辦人吳佳駿就說，他們是成長在網路的世代，生活裡沒有離開網路，沒有離開資訊，因此從創業的第一天，團隊就寫了第一份事業計劃書，目標是希望能夠把所有店家的現場營運，甚至未來的資訊能夠跟網路互通，幫助很多中小型的餐飲店家，讓他們有能力連上這個世界。

　　當然，創辦團隊必須要能投資一些時間及資源來初步驗證創業的點子，了解客戶痛點是否存在、他們是否有解決此痛點的急迫性、對產品初步的想法、市場上是否已經存在其他競品。

　　吳佳駿在接受《數位時代》創業小聚十週年活動的訪問中曾說，創業初期，父執輩常質疑他們服務中小企業的模式，「你們怎麼可以沒有做大客戶呢？你就應該要去找王品，你應該就去找大連鎖，這樣一家一家要弄到什麼時候？」但他相信，就是要去試，不跌倒你就不會走路，「從來沒有不跌倒就會走路這件事情。」2012年成立，iCHEF從第一間實驗型的客戶麻膳堂開始，一直到2013年的時候，就已經獲取了第一百個客戶。

　　好的創業點子，加上創辦人的熱情，越有機會吸引創業初期的種子資金，或初期願意加入公司的人才，這是驗證創業點子一個可行的方式，也是開始創業初期非常重要的一步。

重點二：選擇共同創辦人

對任何一家新創企業而言，共同創辦人扮演非常關鍵的角色，他們探索創業的點子、聘用初始的團隊、設定公司的文化、募集初期的資金。選對適合的共同創辦人能加速新創企業的發展；選錯共同創辦人可能對新創企業的發展造成負面影響或傷害。

除了共同創辦人的能力與技能互補外，考慮共同創辦人最重要的是他們是否對未來的願景、使命及創業點子有共同的熱情；互相理解、吸引並形成和諧的關係，以及共享價值觀並互相信任。我們觀察到，很多共同創辦人可能是過去的同學、同事的關係或是已經認識的朋友。在這種情況下可能相對容易很快建立互信及合作。

在台灣，我從AAMA的社群中發現，創辦人來自同學的比例頗高。Appier三位創辦人是史丹佛大學（Stanford University）與哈佛大學（Harvard University）研究所的同學；iCHEF的三位創辦人是松山高中同學；綠藤生機則是三個台大財金系同學創立；iKala的四位創辦人，也是台大的同學。

雖然有三個共同創辦人在新創企業頗為常見，但這不代表共同創辦人一定要有三個人，有時候創辦人及執行長可能需要承擔多元的角色及責任，有時候可以將其分成內部及外部的角色，而由不同的創辦人擔任。例如前面提到的團隊，他們幾個共同創辦人的能力不同且互補，他們可以各自依過去的經驗及

能力負責產品、技術或業務。

吳佳駿對於自己的團隊曾經有個比喻，他們當時在花蓮民宿裡決定創業時，三個人一起拼了知名動漫《海賊王》（*ONE PIECE*，後稱《航海王》）的拼圖，他說，選這個拼圖的意義，是希望能夠打造一個好的、堅強的團隊，如同動漫故事，大家都有各自不同的過去、歷史，都有自己的背景，都有自己的人生故事，但是在這裡，我們大家都是兄弟，大家都是好的生死與共的夥伴。「我也想成為海賊王！」

共同創辦人不只推動新創企業早期的發展，也在新創企業未來的發展扮演關鍵的領導角色。如果將產品比喻為公司的肌肉，創始團隊是公司的大腦，文化則是公司的靈魂。共同創辦人通常在設定公司初期的文化扮演關鍵角色。當然也有些情況是讓初始的團隊逐步有機地發展並形成公司的文化。

共同創辦人應該有幾位並沒有標準答案，但過多的共同創辦人可能會對新創企業無論短期或長期都產生問題，包括會讓公司決策分工複雜化，同時，也對共同創辦人股權的分配增加複雜度。對於後來加入團隊的成員，如果要成為共同創辦人是一項審慎的決定，必須慎重考慮是否適合。

共同創辦人股權的分配也是另一項挑戰，並沒有一個可放諸四海的準則，從共同創辦人平均股權，到分配，到其中一位的股權超過一半等方式都有。大部分共同創辦人的股權分配在中間者占多數。

不同的共同創辦人對新創企業帶來不同的經驗及價值，依

據其對公司價值並考慮大家相對認為公平的分配是重要的。也可以在未來依據共同創辦人的績效及貢獻度透過認股權的發放做調整。

共同創辦人之間會有的衝突，可能來自對公司未來的願景及方向缺乏共識，或是對於決策的分工以及執行長的角色有不同看法，或是被認為缺乏對公司的貢獻。一旦共同創辦人間有重大的衝突又無法解決，就會對新創企業的發展形成不利影響，例如知名的電商女裝品牌，因為創辦夫妻失和，讓一個曾經年營收破20億，且跨足海外的新興品牌，就此殞落，就是一個令人惋惜的例子。

不論是在台灣或是國外，多數都是與好朋友、家人一起創業，往往礙於彼此之間的人情關係，進而低估「說清楚」是一件很重要的事情。因此對於共同創辦人的選擇，以及如何能保障彼此權益，都要非常慎重行事。

重點三：募集早期資金

初始的團隊是公司文化及未來成功的基石，在缺乏足夠資源吸引人才的情況下，又同時必須考慮初期所需要的各項能力，由共同創辦人或其朋友介紹加入較常見，初始的團隊通常都會經歷初創企業的高潮及低潮，最重要的任務，就是協助公司度過創建期的階段。

早期的資金，以台灣的狀況，創業的第一筆資金通常會落在台幣100萬至500萬之間，就我自己的觀察，團隊要自己出

些錢，因為在台灣，很少有投資者願意投資一個「完全不出錢，只出力」的團隊，因為自己願意出資，也代表對事業的決心與承諾。

一般來說，不可能公司成立第一天就賺錢，早期資金主要必須考量以預期在某個時間點，把產品進行量產，或是將服務正式推出的時間，將人事成本、營運資金、購料或委外生產的成本等列入，一般會建議新創公司計算至少十八至二十四個月的資金需求去進行募資規劃。

除了共同創辦人及其親友投入的資金以外，可以考慮包括政府及民間的天使投資人或機構。選擇早期階段的投資者，尤其是未來擔任董事的主要投資人，其重要性有如選擇共同創辦人一樣，因為，天使投資人能帶來他的專長及關係，減少新創企業初期的摩擦力。例如做軟體服務的凱鈿，他們早期一位來自軟體業的天使投資人，不僅給予資金的挹注，也協助凱鈿的管理層精進管理能力。

達盈管顧在其出版的《台灣創投攻略》一書中指出，在傳統創投尋找投資早期團隊的其他方法時，也出現了新的機構，像是孵化器（Incubator）、加速器、群眾募資（Crowdfunding）、加密基金（Cryptofund）等，都正在形塑新創圈的生態，讓早期的團隊可以獲得資源與協助。

以台灣最早出現的加速器AppWorks為例，他們以半年的時間為期，讓團隊在短時間內進行商業模式驗證、修正試錯，在接近孵育尾聲時，便舉辦Demo Day讓新創向投資人、媒

體、大眾展示階段性成果，並藉此曝光、增加知名度，吸引投資人挹注資金。

　　然而，值得注意的是，現在新創公司到首次公開發行（Initial Public Offerings, IPO）的平均所需時間不斷增加，而創投通常在七到十年內就必須獲利了結。創業家需要轉換對募資的思考方式，了解創投基金營運者的考量點：如何在出場年限內獲得翻倍的報酬？

　　根據台灣創業投資商業公會所出版的「2020創投年鑑」報告中顯示，截至2019年12月底，台灣創投事業總營運家數為二百六十九家，投資件數為三百三十一件，總金額為台幣101.59億元，不論件數或金額，仍以台灣本地為主要區域。以類別的件數來看，前三大項目為製造業、生技業與服務業，分別占比為20.2%、18.4%及16%。

　　進一步分析投資的階段，以件數角度，主要集中在擴張期，共有一百四十件，占比為42.3%。而創建期占比為19%，種子期僅有8%。若將擴張、成熟到重整這三個中、晚期合併來看，占比更高達72.5%。

　　從以上的數字來看，資金的確是台灣新創團隊在初期起步階段的一大問題，所幸在國發會的支持下，政府推出天使基金的策略，一方面幫助新創取得早期資金，一方面也與創投承擔投資風險，協助民間創投發展，同時具有「國家背書」意涵，提高民間創投投資早期新創的意願。

重點四：開發及測試初步的產品

相較於過去創業在產品適配階段，往往需要花費大量精力才能確認，這個時代創業家有一個不同的優勢在於群眾募資模式，可以用小規模的方式，不僅測試自己的商業想法是否有其存在價值，也透過這樣的方式，取得資金並與消費者溝通。

Hahow線上教學模式，當時對許多人來說很新，一些具有專業的老師，並不是很相信這樣的平台模式，因此Hahow當年就利用群眾募資，幫助開課老師了解潛在市場，也幫助公司預測市場可能的規模。

鮮乳坊則是另一個很好的例子。

「我們致力於顛覆乳業的不公平交易、食安問題與通路的遊戲規則；我們讓獸醫在產地把關，堅守鮮乳品質；我們秉持單一乳源，讓大家都可以知道自己喝了什麼。」2015年1月，鮮乳坊在FlyingV發起「白色的力量，自己的牛奶自己救」募資專案，短短二個月受到超過五千位贊助者支持，累計608萬元募資總額。鮮乳坊因為群眾募資專案獲得大家的支持與認同。

募資的方式，除了與可能的潛在客戶交流外，也可能吸引到產業專家、現有的同業或潛在的天使投資人的注意。鮮乳坊第三次的專案，除了跟彰化豐樂牧場一起研究乳品蛋白質結構，也找來了國際名廚江振誠以行動支持推廣，協同金馬獎、金曲獎等多項台灣大獎主視覺設計師方序中與究方社團隊跨界

共同創作產品包裝。

　　三次的募資行動累積起來，鮮乳坊透過這個方式總計吸引了2,000萬左右的資金，同時也順利地測試市場需求，進而掌握穩定客群。這對資源不足的團隊而言，是一個相當不錯的起點。

　　矽谷創業家萊斯（Eric Ries）在2011年出版的《精實創業：用小實驗玩出大事業》（*The Lean Startup*）就提出，過去我們都認為，產品開發就是要一套完整的商業計畫，但面對每一秒都在變化的現代環境，公司在進行產品開發前，應該基於這個產品「是否應該被製造出來？」和「我們是否能針對這個產品與服務建立出持續性的事業？」這二大問題為基礎，實際走出辦公室與顧客接觸。

　　萊斯認為，一旦確認做出來的東西不是大家所需要的，就應該立刻修改方向，採用新的假設，或轉向另一種成長方式，以改善成長停滯或衰退的現狀，他將這樣的方式稱之為軸轉（Pivot）。軸轉是一種策略假設。萊斯提到，軸轉的契機，通常是因為之前的產品行不通，但許多創業者會因為無法面對失敗，或是過於堅持己見，反而錯過轉型的機會。

　　例如推特（Twitter）原本是線上廣播，是經過「軸轉」，成為以一百四十字溝通的社群新服務型態，反而受到全球使用者歡迎。當企業能夠執行精實創業循環，就能因為提高測試、蒐集回饋的頻率，更快了解成長趨緩甚至失敗的原因，掌握軸轉的時機。

　　當團隊在各方面投入了所有努力，達成此階段的里程碑，就可以順利轉移至下一階段：產品市場適配期。

第二階段：產品市場適配──驗證價值主張

　　新創企業從創建期轉換至產品市場適配（PMF）階段，最重要的是如何確保及驗證產品與市場適配。推出的產品是否可以解決客戶的痛點，並對客戶產生價值，這個驗證的過程需要反覆並做修正。

　　一旦確定產品市場適配，如何找到最有效行銷及銷售產品的方式，就很重要。通常在確定客戶市場開發有效的方式之前，不宜對行銷及銷售做較大的投資。隨著驗證產品與市場的需要，公司需要開始謹慎地聘用不同的人才，因此需要募集資金以因應現金的短缺。此外配合初期營運的需求，也需要建立一個基本的營運流程及系統。

重點一：驗證產品市場適配

　　當新創企業跨過創建期邁入產品市場適配階段，最重要的關鍵是如何確定已經找到產品市場適配。在產品市場適配之前，過早的推廣及過多的優化是不必要的。在這之前，最重要的是從一小部分早期使用者獲得回饋並持續改進產品。

　　在消費品市場通常只要推出的產品持續有很多人購買或使用即可確定，但是在企業市場，通常有三個重要的指標來確定

產品市場適配：

1. 付款的客戶：產品的贊助者願意推薦公司付款使用此項產品；
2. 實際使用產品：客戶實際使用該產品在公司營運流程上；
3. 推薦產品給其他客戶：客戶願意推薦此產品給其他公司使用。

決定公司是否已經達到產品市場適配，不是創辦人或產品團隊說了算，而是客戶及銷售團隊才能決定。

在探索產品市場適配最重要的假設，是要有一個令人信服的產品，它可以解決特定客戶面臨的重大痛點。通常在探索產品市場適配的過程中，必須持續發現適合的目標客戶、持續疊代最小可行的產品（Minimum Viable Product, MVP），以及驗證客戶的問題及提供的價值。

透過對客戶直接做深度訪談，並以數位行銷了解更多客戶對產品的回饋，快速進行產品的疊代，並找出客戶真正要解決的痛點，就有機會達到產品市場適配。

2021年7月，完成約台幣4.5億元B輪募資的軟體服務商凱鈿行動科技，在2009年時，看好App經濟而決定創業，他們主攻創造與生產力工具性軟體，當影像工具軟體大廠Adobe都還在觀望行動端的時候，凱鈿便率先做出PDF Reader，之後

陸續推出PDF文件編輯、多媒體內容創作、電子簽名等不同類型App。相對於許多軟體公司都設在台北，總部位在台南的凱鈿，並沒有被地理位置限制了發展，他們開發的軟體工具，全球使用者下載量超過二億。

不同於許多開發者多等待使用者心得回饋，凱鈿核心團隊成員之一具備使用者體驗（User Experience, UX）的專業背景，每週會透過系統的分析，了解使用者的痛點，主動修正介面，再根據銷售狀況，決定版本更新的時間。

重點二：聘用所需的人才及取得資金

在創建期階段的人才，相對以產品開發為主。隨著初步的產品或最小可行產品的推出，要進入市場驗證的階段，除了持續擴大產品開發的團隊外，也需要聘用各種不同人才，包括行銷、客戶服務、銷售或支援營運的人才。

在此階段，隨著聘用人才的增加，除了共同創辦人需要將聘用人才當作主要任務，也需要開始有專責的人資員工負責招聘人才。在目前人才競爭非常激烈的環境下，在此階段的新創企業，因為尚缺乏足夠的誘因吸引人才加入，因此在聘用人才上往往會有極大的挑戰。

例如發現加入的成員不適合公司需要，或是員工離職率太高。面對這種人才的挑戰，如何找到對的員工，而不一定是能力最強的員工，同時塑造開放的溝通環境，聆聽員工的回饋，並協助新進員工融入公司的工作環境，以及培養其能力，顯得

非常重要。

iKala 創辦人程世嘉，在一次與波士頓顧問公司（Boston Consulting Group, BCG）董事總經理暨全球合夥人徐瑞廷對談中就提到：「前三十個員工很重要，他們基本上一進來就決定了你未來公司的文化長什麼樣子。」

提供數據服務的 Vpon，目前在台北、香港、東京、大阪、深圳、新加坡均有據點，在聘用人才時，除了平均年資、工作學經歷、技術專長、求職管道這些背景資訊，同時也發展了一張職人與企業間連結的藍圖，不僅讓招聘主管了解不同階段企業的需求，也能讓來應聘的人才能想像自己未來在這個團隊可以發揮的部分。

此外，由於各區域公司的經營階段不同，招募人才方式就有差異。五人以下的地區公司，可能是外派主管加上人脈圈推薦。二十人以下的公司，則可能加上同仁介紹與人才仲介服務，才能配合公司快速成長。三十人以上的公司，隨著企業知名度增加，可以使用的手法與管道就更加多元。同時，也需考慮不同地區的人才屬性安排，例如台灣人較能掌握產品，香港人的商業嗅覺敏銳，日本人重視細節等，透過人才融合來因應發展需求。

隨著團隊規模擴大，而業務還在起步的階段，因此公司往往會開始產生較大的現金流出，建議在此階段的新創企業，對現金流的預估應採取比較保守的做法，並盡可能提早啟動融資計畫。

不管融資的對象是創投公司或企業策略投資人，國內或國際的投資者，共同創辦人應該儘早與潛在的投資者建立關係，並不定期與他們接觸、更新公司的現況，並事先了解及探詢投資的可能性。

通常在投融資市場較好的時候，最少應該考慮自開始啟動融資計畫後六個月到一年的時間完成融資；如果在投融資市場較不好的時候，可能需要更長的時間才能完成融資的計畫。

如果此階段的融資金額較大，可能需要有二至三位投資者，則應該儘早找到一個主要的投資者（Lead Investor）。對於初次找外界專業的投資者，公司團隊應該儘早準備融資的商業計劃書，並試著了解創投公司投資決策的過程和考慮因素，以及如何配合進行盡職調查（Due Diligence, DD）。

此外，對於投資的條件及估價（Valuation）要有一定的了解。估值不是唯一的考慮因素，最重要的是除了資金以外，投資者能夠帶來的價值是什麼。選對投資人或是代表投資人的董事，對新創企業未來的發展非常重要。

重點三：建立初期營運管理流程及系統

當新創企業開發最初的可行產品，並透過客戶的使用回饋持續開發疊代產品，逐步達成產品市場適配。產品開發的流程包括但不限於選定目標市場客戶、決定產品的高層次規格、找出初步的客戶、取得付費客戶的流程、設定價格結構、定義可行的商業產品。

　　交付產品及服務給客戶的流程，包括從接受及處理客戶訂單、交付產品或服務的方式、與外部通路或物流的合作方式，以及如何收款及支付。除了核心的營運流程以外，包括人員聘用、薪資決定及調整、績效管理，以及基本的財務會計流程，都是支持初期營運所必要的。

　　營運管理的系統涵蓋組織設計的分工、營運作業的流程以及支援的系統。由於在此階段的營運仍屬初期階段，不適合太早定型化，因此可以考慮的做法是建立初期營運系統的基本架構、基本的作業流程，並考慮使用外部的工具系統。此階段應該配合公司的發展持續修正、調整，而不適合做較大的投資。

重點四：探索有效的客戶開發模式

　　對於消費者客戶（B2C）的新創企業，通常找到產品市場適配，就有機會進一步達到客戶的成長，可以透過投入適當的行銷資源以加速客戶開發。如果是以線上銷售為主，可以選擇有效的數位行銷工具，只要客戶的取得成本相對低於客戶的價值；如果是以實體通路為主，則需要選擇適當的通路夥伴以觸及更多的潛在客戶。如果採取線上、線下多元的銷售模式，則應建構以客戶為中心的全通路策略。

　　對於企業客戶（B2B）的新創企業，驗證產品市場適配尚不足以創造客戶的成長，還需要找到一個有效的客戶開發模式。通常在整體的角度，有效的市場開發模式包括：

1. 讓客戶知道公司的產品；
2. 使客戶評估公司的產品；
3. 引導購買公司的產品；
4. 以合理的價格及方式鼓勵客戶的承諾及重複購買。

在尚未找到有效的市場開發模式時，有如在海上划槳，需要投入很大的力氣但是成效可能不如預期；如果找到有效的市場開發模式，則有如在海上衝浪，只需順著浪潮就能以較少的力氣達到超過預期的效果。有效的市場開發的步驟有如衝浪高手的過程，包括：

1. 搭上浪潮：盯住客戶的旅程；
2. 建構正確的划槳：編製可以重覆使用的客戶開發手冊；
3. 駕馭浪潮：建立並整合行銷、銷售、客戶成功及產品的營運機制；
4. 改善駕馭的方式：依據實際的指標持續修正、調整。

一旦找到有效的市場開發模式，代表新創企業可以投資銷售及行銷來驅動快速的成長。

第三階段：加速成長階段

新創企業在驗證產品市場適配及有效的市場開發模式後，

代表公司從「不要死亡」階段進到「如何贏」的狀態。對很多新創企業而言，這是非常重要的里程碑，代表公司可能有機會成長為細分市場的領導者。在此階段的思維及執行模式都需要從「存活」轉變為「繁榮」；從產品主導的文化轉變為客戶與市場主導的文化；從疊代轉變為快速贏。

公司接下來要問的問題包括：我們可以成長多快？何時我們必須踩剎車？什麼時候需要轉彎？我們如何在加速成長時保持控制？在加速成長階段的重點包括研擬成長的策略、管理組織的快速成長、取得成長所需要的資金，以及優化營運管理的系統以支持快速的成長。

重點一：研擬適合的成長策略

當新創企業到了加速成長的階段，需要思考成長的模式及策略。通常加速成長的方式可考量三個面向，包括：產品、市場及客戶。產品可以是現有的產品到延伸的產品到全新的產品；市場可以是從消費市場延伸到企業市場或是從國內到國外市場；客戶可以從現在的客戶延伸到不同族群或年齡的客戶。

公司需要了解市場的發展及競爭的狀況，考量公司的資源及能力決定適合的成長策略，它可以是單純以現有的產品擴大到現有市場的客戶，也可以透過現有及延伸的產品擴大至現有市場的客戶，或是更積極地擴大至不同的市場及客戶。

通常從不同的產品延伸到現有的市場及客戶相對容易，由消費市場延伸到企業市場則不論在產品組合與內容以及能力

上，都必須做重大的調整，特別是從國內市場延伸到國際市場，遇到的挑戰會更高。

至於在此階段成長的速度，數位平台型的新創企業有可能會有指數型的成長，對於以企業客戶為目標市場或是以國內消費客戶為主的生活產品與服務，則可能相對維持穩定的高成長速度，每年30%至50%的成長是可預期的。

企業的成長策略，多半都是以自我成長為主，即使透過併購也都是屬於小型的併購或者主要目的是取得人才。在此階段重要的是，如何以快速、有效的方式複製及擴大成功經驗。

在台灣，受限於市場深度不夠，我發現，很多新創在此階段開始思考水平發展策略，可能會增加新的品牌，或是目標市場的轉向。例如Hahow、凱鈿、Pinkoi，原本都是針對一般消費者市場，近來擴展出提供企業端服務的策略。

重點二：管理組織的快速成長

配合公司的加速成長需要加速人員的聘用，公司需要考慮有專責的人資主管或聘用經理，如何在大量、快速招募不同人才的過程又不至於招募到不適任的員工，如何確保招募到符合公司文化的新進員工，對公司都是很大的考驗。

在公司內部可能會面臨內部人才的培養趕不上公司成長的速度，因此需要考慮是否聘用高階的營運主管，如何讓外界的高階主管融入公司的文化及快速變化的環境，也是很大的挑戰。

此外，隨著公司外來的員工大量增加，可能造成大家對企業文化的認知產生較大的偏差，而增加內部的溝通成本並減緩決策的效率，如何透過大家共同參與，重新定義企業文化及核心價值就顯得非常重要。此外，取得投資人的同意，並推出員工認股權計畫（Employee Stock Option Plan, ESOP），以吸引及留住適合的人才，也成為常見的議題。

在此階段，隨著公司的重心轉換到銷售及客戶而不再是產品及技術，如何處理產品及技術團隊的失落感，以及在人力資源的轉變，甚至於包括不同部門員工薪酬的差異，都會造成管理上的挑戰。另外，配合營運模式的改變及成長的策略，需要不斷調整組織架構以因應客戶及市場的需要，團隊間也需要更頻繁密切的溝通。

公司與願景、使命及文化保持一致顯得非常重要，透過願景與使命可以讓團隊在共同的方向上取得共識，企業文化則可以強化員工的情感連結，並在困難的決策時提供重要的指引。

iKala創辦人程世嘉，就是一位非常積極推動企業文化的創業者。他說，企業文化是iKala基礎設施的一環，必須把抽象文化概念進一步具體化、具象化，而不是突然丟出一些條文口號。iKala在2021年、成立十週年之際，發表了「企業文化書」，透過不同崗位的iKala人，分享他們在工作與生活中，親身所見、所聞、所感的真實小故事。

我覺得這個方式很棒，因為公司發展到此階段，資源與選擇相對都較前一階段多很多，內部各部門都有自己對未來的想

像，如果不將隊形整理好，強化公司內部的凝聚力與向心力，公司容易出現多頭馬車，很難步調一致地往前走。

重點三：取得快速成長所需的資金

為了因應公司的加速成長，在此階段需要投資大量資源在行銷及銷售，同時需要招募更多不同的人才，公司需要準備較大的資金以備未來成長所需，也就是所謂的 B 輪階段。在前面存活階段的投資者較關注產品及團隊，快速成長階段的投資者，更關注成長以及未來可能的獲利。

此階段的投資者會問：公司可以多快地成長？如何贏得競爭並保持領先地位？公司的單位經濟（Unit Economics）如何？未來獲利的路徑如何？現金流何時轉正？通常成長階段的投資者會非常關注公司的營運計畫，收入及各項目標是否達成，如果沒有達成要如何改善。

由於此階段所需要的募資金額可能較大，可能會配合公司的成長狀況進行一次或多次募資。同時會考慮吸引較多的投資者，如果有計劃要發展國際市場，則國際的投資者可能是必要的。

除了資金以外，投資者能否帶來有助於公司未來發展的資源，也是重要的考慮因素。如果前階段的主要投資者願意持續加碼投資，並願意擔任此階段的主要投資者，對於新創募資會帶來非常正面的效應。如果基於各種因素不再投資，需要儘早確認主要投資者，並花費較多的時間與其溝通，並就投資條件

及估值儘早取得共識。

　　相對於矽谷，B輪投資一直是台灣新創界的一大關卡，根據《數位時代》於2019年年底的創業大調查報導，台灣新創大多可以取得早期資金，但是進入B輪後（包含B輪在內）的募資案件便相當稀少，僅有1.3%。主要原因在於，B輪正好是企業發展的關鍵轉折點，若能順利取得資金，代表企業的商業模式已相對成熟，獲得驗證。

　　iKala在2020年完成約5.1億台幣的B輪融資，領投大股東為緯創資通，主要看好iKala在AI賦能企業行銷能力技術，而公司方面也對外表示，將在二年內推動上市計畫。Hahow也在2021年完成約為2.8億台幣的B輪募資，由宏誠創投領投，新加入的投資人包括台達資本、國發基金等，藉此積極拓寬線上學習運用場景。

重點四：優化營運管理流程及系統

　　隨著新創企業邁入快速成長的階段，業務範圍涵蓋不同的產品或品牌、不同的目標客戶市場或跨國區域，再加上組織架構不斷調整，如何建構一個適合的營運管理架構，以協調跨地區及跨部門的各項營運作業活動，就顯得非常重要。

　　由於公司在此階段的核心營運流程，包括新產品開發、行銷及品牌管理、業務開發及銷售管理、產品服務交付及收款、倉儲及物流管理，以及技術開發管理等，因為各項核心營運流程涉及到組織不同的部門及地區，在此階段需要配合客戶及營

運需求，不斷優化各項營運管理流程，以確保各項營運流程能有效運作，同時配合營運流程系統化的要求，公司需要自行開發系統或外購工具系統的功能，以確保能隨時掌握各項營運數據，並在發現異常情況時迅速採取行動，做必要的調整。

比較台灣不同的新創企業，數位原生型公司，本身對於系統掌握度較高，通常在系統建置方面較容易進入狀況，特別是自2020年起的疫情，中斷了企業營運日常模式，需改以線上遠距方式進行，這些公司轉移工作模式的痛苦程度就較低。

除了支援日常作業的系統，績效考核也是此階段重點。隨著公司規模擴大，為確保各部門目標與公司目標協調一致而開始導入OKR（Objectives and Key Results）制度，OKR的發展，是由英特爾（Intel）執行長葛洛夫（Andrew S. Grove）改良管理學大師彼得‧杜拉克（Peter F. Drucker）目標管理（Management by Objectives, MBO）理論演變而來，「O」指的是目標（Objectives）、「KR」則是關鍵結果（Key Results），透過此項制度可以讓各部門及個人，充分了解公司的策略及目標，並能夠強化其連結。

此制度也鼓勵各部門及個人設定挑戰的目標，並充分揭露公司、部門及個人目標的執行成果並分享未來具體的行動計畫。透過此項制度除了確保公司的策略及目標與願景、使命連結外，同時也加強跨部門的合作及個人與部門目標的連結。相對於傳統關鍵績效指標（Key Performance Indicators, KPI），講求的是「主管（別人）要我們做的事」，OKR則著重在「員

工（我們）自己想做的事」。一般企業採行此方式運作時，多半會以「季」為單位進行滾動式調整。

　　當公司持續加速成長，人才與資金都齊備，這也代表企業要進入持續成長期，甚至準備上市。

第四階段：持續成長階段

　　新創企業在歷經加速成長的階段，逐漸進入持續成長期。此階段因為公司已經成長至一定規模，因此逐漸邁入穩定、可持續成長的階段，公司不再是只重視短期快速的成長，同時也開始關注長期可預測的成長，甚至，也開始關注正的現金流及未來獲利的情況。開始考慮準備公開發行及上市，在資本市場的規範及要求下，需要讓公司的治理架構更完善，並加強公開揭露公司的營運資訊。

　　因此，研擬持續成長策略，建構策略管理系統，進行公開發行及上市的準備，管理組織成長及提升營運卓越性，以確保公司有紀律地持續成長。完成此階段，對新創企業是非常重要的成就，同時也代表新創企業的發展階段告一個段落。

重點一：研擬持續成長的策略

　　當新創企業已成長至一定規模，下一階段的成長可能無法延續原來的方式，因此需要思考不同的成長策略。其中可能的方向包括：延伸原來的細分市場、至相關的其他細分市場、延

伸不同的產品線、擴展到不同的市場，或加速進入國際市場。

　　此外，隨著公司營運規模的擴大，成長的速度也不及加速
成長期，公司需要同時平衡成長速度及可能的風險。成長的方
式同時兼顧有機成長及外部併購的方式。

重點二：建立策略管理系統

　　處在加速成長期的公司，思考重點在於快速取得資源並盡
可能地加速成長，快速成長通常帶來很多的挑戰，此階段管理
的重點是加速成長並針對現在的問題馬上反應、解決。

　　隨著新創企業進入持續成長的階段，管理團隊需要花更多
時間思考外部環境的變化以及公司內部的評估，勾勒出公司未
來的願景並決定公司未來發展的重要假設，針對達成願景的關
鍵策略議題，提出不同的策略選擇，經過深入的討論後決定公
司未來二至三年的核心策略，並依據此編製公司年度營運計畫
及預算。透過年度營運管理的系統回饋，做出必要的策略調
整。公司管理團隊及董事會成員需定期檢視並確保策略管理系
統可以有效運作。

重點三：準備及進行上市

　　當公司持續成長至一定規模，對未來成長策略也有清楚的
方向，甚至已經開始朝向可以獲利的情況，管理團隊會開始思
考，是否要選擇適當的時機準備上市，特別如果目前主要的投
資人是創投公司，也會面臨要求退出期限的壓力。

　　準備及進行上市是新創企業非常重要的決定，董事會通常
經過審慎的評估做出關鍵的決定，包括：上市時機的選擇、上
市地點與方式的選擇，以及外部承銷機構的選擇。上市通常需
要投入公司相當多的資源以做充分的準備，進行超過二年以上
的準備常是必要的。

　　另外，不同的資本市場上市的條件不同，公司需充分考慮
營運的展望，與承銷機構顧問討論評估後才能做決定。目前台
灣新創企業在本地上市仍然相對較為可行，至於日本及美國也
是新創企業可以考慮的上市地點。公司需要充分了解上市後的
投資者關注的重點會不同，也會面臨需要定期揭露公司營運績
效的壓力。能夠成功上市，對新創企業是非常關鍵的里程碑，
值得慶祝。

　　作為台灣近期最受關注的成長企業，Appier在上市公開說
明書說明，選擇在日本上市的考量，主要是為了更方便取得資
金以拓展海外業務，並確保有足夠資源能夠爭取AI領域的優
秀人才。

　　Appier負責營運的共同創辦人李婉菱，在順利於日本上市
後接受媒體「INSIDE」訪問時表示，Appier也曾考慮過在其
他地方IPO，但IPO的作用不光只有募得資金、讓早期投資人
賣股票出場，它還有要跟當地市場緊密結合的意味。

　　另一個例子則是電動機車品牌Gogoro，於2022年4月，以
所謂「特殊目的收購公司」（Special Purpose Acquisition Company,
SPAC）模式，以股票代碼「GGR」在美國納斯達克（Nasdaq）

掛牌，成為首家台灣新創公司在美國成功上市的獨角獸。

　　主要原因有二。第一，美國股市對科技新創企業的接受度高，會給出較好估值；其次是也有機會打開美國市場。採用SPAC則能追求快速上市的管道，免去傳統上市的長時間準備與承銷費用，但也會發生隱藏性的成本與風險，需要留意。

　　電商解決方案服務平台91APP，於2021年5月以代號「6741」、66元價格在台灣掛牌上櫃，當日收盤股價達167元，漲幅高達153%，作為台灣第一家上櫃的SaaS公司，91APP證明了台灣資本市場對於新創產業的接受度，大大激勵了台灣數位新創圈。產品長李昆謀在自媒體網站「零售的科學」上發表了文章回顧創業歷程表示，拿到投資的時候，原來才是真真實實的責任的開始，「IPO之後，也許我們放下了多年前的責任，卻扛起了一個更大更大的責任。」

重點四：管理組織持續成長及營運卓越性

　　隨著公司的規模擴大，如何確保人才的管道暢通，並持續增聘適合的中高階主管及員工，非常重要，要能發展適合的機制，確定公司的員工了解並落實重新定義的企業文化。而公司的管理文化也需平衡成長及風險。組織架構也需要配合公司的策略調整，以確保有效地運作。

　　公司需要持續優化營運管理流程及系統，確保各項營運業務能有效率地運作。公司各項的營運指標透過動態儀表板，可以快速地檢視並持續修正、調整，同時確保各項營運結果的可

預測性。

　　我們將新創企業的發展分成四個階段，每個階段都有不同的重點及挑戰。每個階段的成功並不保證下個階段可以成功，很多新創企業停留在第一、第二階段，也有可能又回到原來的階段。最重要的是，要能預期每個階段的改變，並透過不斷地學習去適應並跨越。

　　創業是一趟神奇未知的旅程，它會有一個明確的起點，但的確沒有人知道，最終會走到哪裡，或者從來就沒有終點。然而，在探索的過程之中，發展的路徑、挑戰，與方式，仍有跡可循，只是必須在不斷的錯誤或失敗中探索。

第三章

新創企業成長模式與
關鍵要素

「吾心信其可行，則千方百計；吾心信其不可行，則千難萬難。」

——周俊吉

　　自第三期開始，AAMA台北搖籃計畫決定選擇緩慢金瓜石，作為每年舉辦創業營的場域，現在已經成為很重要的儀式。一群來自台灣各地、大部分都不互相認識的創業者，我們在那個有著特別山景與歷史的山海小鎮裡，共同學習、認識交流、把酒言歡，還有登上基隆山、向下俯瞰海景的心靈悸動，總是令人著迷。

　　在各種的活動中，我特別喜歡帶著創業者爬山。我自己是個登山愛好者，曾經攀登過至少十座三千公尺以上的高山，除了台灣的高山外，也包括東南亞最高峰馬來西亞的神山、日本第五高峰、有「日本的馬特洪峰」之稱的槍岳。登山的迷人之處就在於，除了鍛鍊體魄、挑戰自我身體極限外，更重要的是，過程之中，勢必很辛苦，也充滿許多未知的危難情況必須克服，登山者必須擁有堅定意志力與方法技術，在過程中不斷與自己對話，才能登上目標山頂，見到那個從未見過的風景。

　　我在登山中體悟到的哲學，與我看到的創業歷程極為類似，都是走一條未知的路，都必須有膽識與智慧，然後在登頂的過程中，依照自身與團隊的狀況，選擇適當的路徑，才能達到目標之地。

　　2019年，AAMA台北搖籃計畫的年會，我們邀請了身為台灣第一位完成攀登世界七大洲頂峰，更是全球首位登上七頂峰、並從南側及北側路線完成聖母峰登頂的女性登山家江秀真來演講，她跟台下的創業家們分享：「在某些本質上，創業和登山的道理是互通的，同樣是面對嚴峻的挑戰，同樣是對自我

理念的堅持，同樣也需要團隊合作，並也同樣會面臨是否該繼續一起前行的關鍵時刻。」她說，從無到有本來就很困難，但也因為這樣，你會習慣這樣的困難，並視為日常的一部分。

回頭看我身邊的這群年輕創業夥伴，我常跟他們說，創業不只是做跟別人不一樣的事，如同登山一般，不是為了「攻頂」的虛榮感，而是感受生命的重量，同時，也要體認，當你決定走在路上，往往就是要不斷前進。所以，面對創業，必須清楚了解背後的起心動念，並且能理解，成長是新創企業最關鍵的議題。

一家企業創造價值有二個最主要的來源，一個是成長，另一個是資本報酬率（Return on Capital）。一般成熟、具規模的企業較擅長資本報酬率；新創企業創造價值的主要來源，則是成長。

美國知名加速器機構 Y Combinator 共同創辦人葛蘭姆（Paul Graham）曾說，「一家新創成立的目的是為了快速成長」。除了微型新創企業以當地市場為主並創造一些就業機會，不會以成長作為主要目標外，以創新為導向的新創企業，因為面對更大的市場，為了能夠創造更高的價值並吸引人才及資金投入，成長是公司必須思考的關鍵議題。

但對任何新創企業而言，成長總是非常困難，並面臨很多挑戰。需要考慮什麼時候開始成長？如何成長？是否具備成長所需要的能力及資源？太早的規模化成長可期會造成失敗。因此作為創業核心團隊，必須了解成長轉折點（Growth Inflection

Point）的來臨並思考成長的模式與策略。

在第二章中，我曾說明新創企業發展的四個階段，通常在前二階段要經歷一段較長及相對較慢的成長期間，然後再進到第三、四階段的快速成長。衡量成長最重要的指標，就是營業收入，但是在不同的商業模式下，可能會有不同的指標來評估，特別是早期的階段，近來許多投資人關注的是有無持續性的客戶數成長。例如知名影音串流平台Netflix，華爾街（Wall Street）對其新增用戶數的成長狀況，關注度遠高於其營收表現。

如果以營收角度及時間來衡量成長階段，如果有一萬家從零開始的新創，能夠成長到第一階段1,000萬，大約只會剩二千家，到了營收1億元規模的第二階段，就只會剩下五百家，而能夠成長到第三階段10億的，估計只會有五十家。至於營收可以突破50億的公司，估計只會有十家。

此外，不只是商業模式，新創企業所在的目標市場，也會影響整個成長表現。根據一般觀察，在美國及中國這樣有上億人口的大市場，可以達到營收10億元的新創企業，一般可能需要三到五年的時間，若是成長速度強勁的新創，更可能只需要二到三年。

例如Google，他們成長至10億美元營收，只花了六年的時間。而在台灣，目前表現相當出色的新創企業，估計成長至營收10億元，平均要十到十二年，只有非常少數的新創企業，能夠在五到十年內達到此一目標。在台灣，新創企業營收

達到10億元，是非常不容易的里程碑。

　　以AAMA目前超過二百家學員企業來看，大概有超過十家公司，目前營收突破或接近10億，其成立時間大約在十年左右。多數的台灣新創企業大部分都停留在第一、第二階段、營收1億元以內。圖3-1為台灣新創成立十年內成長至一定營收規模的示意圖。

　　成長是所有新創企業關注的議題，我們應該思考下列與成長有關的問題：成長轉折點的時機是否已經來臨？我們的成長策略是什麼？我們應該採取什麼成長模式？我們應該成長多快？我們是否具備能支持成長的能力及基礎設施？我們可以持

圖3-1：台灣新創企業成長示意圖

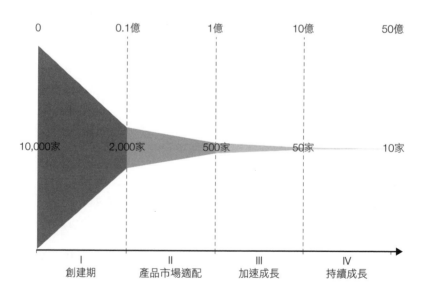

續成長的關鍵是什麼？

思考新創企業成長的模式

　　每家企業都想要成長，因應客戶家數、營業收入的不同，企業會考慮選擇不同的成長模式。矽谷傳奇創投家霍夫曼（Reid Hoffman）在其著作《閃電擴張：領先企業如何聰明冒險，解開從1到10億快速成長的祕密》（*Blitzscaling: The Lightning-Fast Path to Building Massively Valuable Companies*）一書中提到，依據所處的環境相對是確定或不確定，考慮的重點是效率或速度，可將企業的成長模式分為四類：

1. **典型的新創式成長**：在不確定性的環境下，以效率為優先，新創企業通常面對市場、客戶、人才及產品的高度不確定性，必須要有效率地使用資源，有效率的成長可以減少不確定性，如果你正在尋求建立產品市場適配，就很適合採行這個成長策略。
2. **典型規模化成長**：談的是在公司所處的環境確定時，有效率地成長，通常這種成長方式需要有效的管理能力，其投資報酬率高於資金成本，當你試圖在穩定的市場追求最高報酬時，最適合採取此種成長策略。
3. **快速擴張成長**：指的是在公司所處的環境，相對比較確定時，提升成長的速度而犧牲效率。快速擴張會有一定

的風險,是經過計算而且可以預期的。當你想要取得市場占有率或達成營收的里程碑時,很適合採取此成長策略。

4. **閃電擴張成長**:在不確定性的環境下,優先考慮「速度」而非「效率」,以快速達到所謂的關鍵數量(Critical Mass)目標的成長策略,也就是一旦決定進攻目標方向,就押上全部籌碼,快速突擊。

Airbnb的發展歷程,就是採取閃電擴張策略的典型做法。2012年,Airbnb先後在柏林、米蘭、倫敦等地開設九個辦公室,透過這樣的做法,Airbnb不僅甩掉後起的對手,更促使Airbnb在一年內成功發展為全球性的大公司。

採取閃電擴張需要在短時間內產生指數型的成長,因此存在相當大的挑戰及風險,需要考慮商業模式是否適合,閃電擴張的時機是否正確,組織管理的能力以及資金是否可以支持,閃電擴張成長策略需要有市場規模、技術人才及資金為後盾。

我們看到在美國及中國領導的新創企業包括Google、Meta(原Facebook)、阿里巴巴、騰訊都是利用閃電擴張成長策略建立市場的領導地位,但是在台灣,大部分的新創企業並不適用,可能只有非常非常少數針對全球市場的新創企業適合。

台灣的新創企業在不同的發展階段,可能採取不同的成長策略,通常在第一、二階段的創建期、產品市場適配期,採取的是典型新創式成長;到了第三、四階段,進入加速或持續成

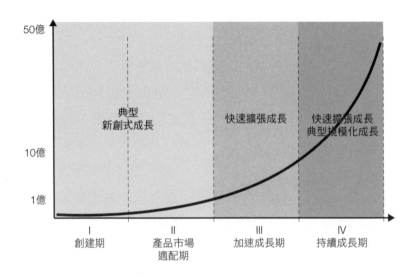

圖3-2：新創不同發展階段成長的模式

長期，採取的是快速擴張的成長策略；到了第四階段取得細分產業的領導地位後，轉換為典型規模化的成長策略。

新創成長轉折點

　　分析本書所訪談的十家代表性新創企業（附錄一），從公司創立成長到營收10億元，平均大約需要十一年的時間，其中一家是少數的例外，只花了六年。如果分為二個階段，從零達到營收1億元，大約平均需要五到六年的時間，其中最少的是三年。而從1億元成長到10億元，大約平均也需要五到六年。

　　這些具代表性的新創企業，在找到產品市場適配、營收達到1億元前是典型的新創成長階段，在缺乏足夠的資源及選擇的市場限制下，通常需要較長的時間。

　　然而，一旦找到產品市場適配，就能吸引人才及資金投入，而採取快速擴張的成長策略，從1億元到10億元規模，平均只需要六年左右就能達成，其平均年成長率（Compound Annual Growth Rate, CAGR），以數位應用或平台來看，大約30%至60%，而生活產品服務類的新創，則受限於市場，平均在20%至40%。AAMA台北搖籃計畫十家代表性新創企業，其成長至1億元及10億元所需的時間如圖3-3。

圖3-3：AAMA新創案例成長至10億元的年限概況

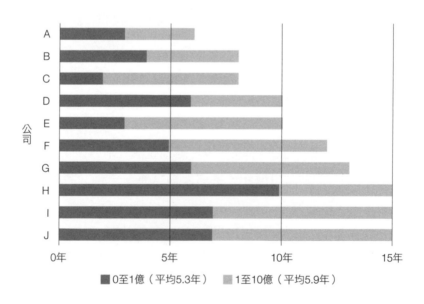

我們觀察到，這十家代表性新創企業成長到10億元，都有一個很重要的成長轉折點。這個轉折點通常是在驗證及確認產品市場適配，以及商業模式適配之後，營收通常超過1億元左右即開始出現。在此成長轉折點來臨時，它們都具備一定的條件及能力，以抓住成長契機，並在未來一定的時間內採取快速擴張的策略，因此可以在較短時間內成長到10億元，同時持續往第四階段持續成長邁進。

但其中，也有新創企業從未真正發展到成長轉折點，或是即使到了成長轉折點，卻因未具備成長的關鍵要素，無法抓住成長的機會、進一步成長至10億元的規模，而只能停留在原來的規模，或是在成長後又回到原來的規模。

解析新創企業成長的策略

從新創企業發展的過程來看，從創業點子開始到驗證產品市場適配階段，都是在反覆驗證修正的過程，這個階段往往是充滿挑戰及追求存活，公司可能會因為創辦團隊的離開、現金不足或產品的重大缺失而走向結束。

對任何一家新創企業而言，達到產品市場適配並找到有效的客戶開發方式，是一個非常重要的里程碑，值得創業團隊慶祝，接下來就進入一個完全不同的加速成長階段。如果能順利在一定時間達到成長的目標，將會大幅提高公司的價值。

對於跨越成長轉折點邁向營收10億元或更高的規模，其

成長策略會因為新創企業的商業模式、選擇的市場或是資源的限制而有不同。依據我們的觀察及分析，成長策略通常可以分成四類（參考圖3-4）。

一、以現有或相關的產品擴展到現有市場

從新創的角度，這是最基本的成長策略選項。主要是透過產品的價格、客戶體驗、客戶服務的優化等具體作為，除了穩定既有的客戶群外，持續吸引新的目標客戶。

然而，通常在這個階段，相對於中國、美國、歐盟這類大陸型市場，以台灣本地的規模，單純以現有的產品或服務在現有的市場，要在短時間內成長到營收10億元的規模通常難

圖3-4：成長策略類型分析

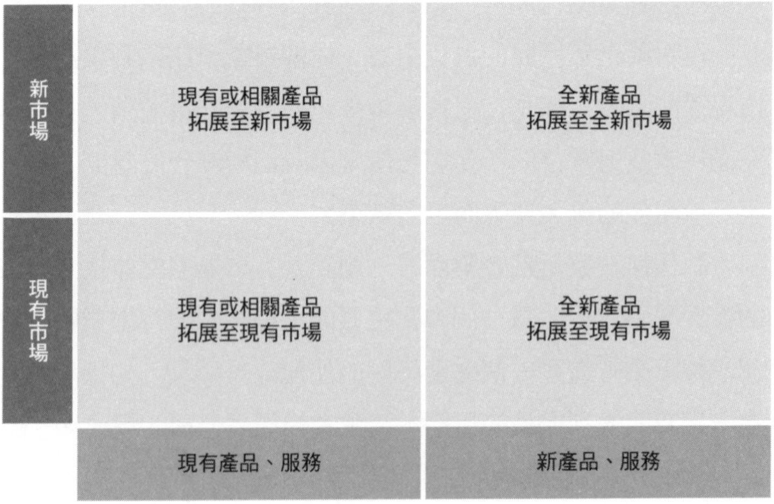

	現有產品、服務	新產品、服務
新市場	現有或相關產品 拓展至新市場	全新產品 拓展至全新市場
現有市場	現有或相關產品 拓展至現有市場	全新產品 拓展至現有市場

度較高。比較相對可行的方式，是要思考是否要擴展至海外市場，或是開發產品服務的項目，才有機會進一步達成營收成長的目標。

二、透過不同的產品類別擴展至現有的市場

如果定位的目標市場是相對較小的細分市場，原有產品類的市場，雖然持續成長但有一定的規模限制，因此考慮推出不同品牌及定位的產品給現有的客戶。一般來說，新創可以選擇水平或是垂直擴展的模式。

水平模式指的是，以同樣的核心技術，應用在不同領域範圍，垂直則指原產品與新產品的基本用途不同，但產品服務之間具有一定的關聯性。在此階段，新創除了透過自己的資源擴張外，購併策略也是加速成長腳步的一種方式。從成長的角度，好的商品與服務，一定會有走向平緩的一天，透過新的產品類別，也可以為公司下一個成長動能提早鋪路練兵。

三、透過現有產品類別擴展至全新的市場

當一個企業的現有產品及服務，在現有市場已經有一定的基礎並持續成長，則可考慮持續開發新的市場。市場有可能指的是不同的目標客群，例如原本是女性市場，變成親子市場，也可能是不同的地域擴張。在新創圈中，最常見到的移轉，一種是從消費市場（B2C），轉向企業市場（B2B）；一種是從本地市場跨足海外，目前日本、東南亞是台灣新創最偏好的發

展區域。

　　不過，值得注意的是，很多時候當市場轉移後，往往會因為客群市場的特性，既有的產品服務必須調整優化，促使新創公司需要開發新的產品服務來對應，進而帶來商業模式轉型的議題。

四、建立全新產品與拓展新市場的商業模式

　　除了現有的商業模式持續成長外，有效利用現有平台開啟全新的商業模式，也是一個可選擇的路徑。

　　新創企業會在不同發展階段，考慮市場的成長環境，以及公司的資源及能力，採取一種或多種成長模式，在適當的時機選擇適當的成長策略及模式，對新創企業的成長相當重要。在以上四種不同的策略中，新創可能只採取一種成長策略，但也極有可能是多種策略的組合式發展。

　　以協助中小餐廳建立雲端POS系統的iCHEF來說，在發展前期，就是採取深化現有產品與市場的策略，因為其差異化可負擔的解決方案受到中小餐廳非常廣泛地採用，因此在短時間內透過有效的客戶開發方式，其客戶規模在短短的幾年從一千家成長到一萬家以上，進而實現其營收的成長。

　　應對過去二年疫情帶來的餐飲市場變化，iCHEF在2021年推出打造「安心找外帶」平台，則是嘗試以新的產品服務，對應既有市場的新需求。看得出該公司在成長策略思考上的轉變。

　　主打純淨保養品的綠藤生機，是典型透過水平式擴展，開發新產品進入現有市場的策略。過去開發的用品，受到目標客戶年輕女性族群認同其永續的價值主張，成功地在保養品市場占有一席之地，原有產品類的市場，仍具備持續成長的動能，但有一定的規模限制。因此，綠藤也將嘗試以不同品牌及定位的產品，讓現有的客戶有更多選擇（同時也考慮在未來銷售至不同的海外市場，擴大其營收的規模）。這就是屬於透過不同產品類別，擴展至現有市場的策略取向。

　　鮮乳坊也是採取水平成長策略。透過與不同的牧場合作開發不同的聯名鮮乳，同時開發與鮮乳相關的產品如優格或益菌牛奶至現有市場，並擴充至現有市場上不同的通路。

　　以凱鈿為例，早年他們藉由開發多樣的App產品，來維繫消費端的市場，但後來發現消費端的客戶忠誠度較低，行銷成本高，於是整理、精簡既有文件應用類產品，轉向開發企業端的應用市場。

　　線上學習平台Hahow也有類似狀況，他們從消費端的使用行為中，發現企業端的需求，然而，卻也發現消費端的產品服務機制，無法滿足企業端，正重新打造更符合企業端的產品服務。

　　但同樣也有新創公司採取多管齊下的策略做法。

　　Appier在台灣新創圈中，算是善用併購策略加速產品擴展的公司。2018年整合印度新創公司QGraph後，推出AIQUA人工智慧行銷自動化平台，2019年整合日本AI新創Emotion

Intelligence，接著推出 AiDeal 電子商務解決方案，2021年整合台灣新創公司 BotBonnie，宣布切入對話式商務領域。Appier藉著併購策略讓既有的產品線更加豐富和完整，同時也將自身的核心技術融入原先的產品功能中，都是落實 Appier 以人工智慧協助各行各業加速數位轉型與商業自動化願景的成長策略。此外，Appier 也積極開展海外市場，從原來的亞太市場，目前已拓展至歐洲及美國市場，同時具備了將現有產品拓展到新市場，以及將新產品拓展到現有市場的二種策略。

Dcard 利用其社群建立的廣大年輕人用戶及數據流量，首先以社群流量為基礎，開發以廣告為收入的商業模式，後來開發全新的電子商務品牌「好物研究室」，幫助用戶找商品，下單、結帳、追蹤訂單，都在 Dcard 平台內完成，並以台灣經驗拓展至香港、日本及其他國際市場，就是以全新產品開拓全新市場的新模式。

另一個多種策略的例子是 iKala。從一開始針對消費市場的雲端 KTV 模式，轉換成針對企業客戶的影音直播解決方案，再轉換到雲端服務，走到今天以 AI 雲端技術為基礎，除了持續與國際大廠合作，提供雲端導入與數位轉型服務外，也藉由自有開發社群電商 Shoplus 與網紅數據 KOL Radar 等產品，提供客戶更多元的產品選擇，並進入東南亞市場，可以看出該公司的多元成長策略。

「轉也不是亂轉，一定是從我們累積下來的一些實力，或者是經驗來轉，」iKala 共同創辦人暨執行長程世嘉跟我分

享，他在思考成長策略時，思考的核心概念是：「這個轉折有沒有讓我連結到更大規模的事業，或更大規模的願景，我回頭去看，每次轉其實都符合這個要件。」

以上四種模式，沒有先後、好壞，新創公司必須評估自身的資源配置與目標願景，以及外在環境條件，才不會因為成長壓力而亂了經營陣腳。

掌握新創企業成長的關鍵要素

新創企業會關注哪些因素可能影響新創企業成長，其中可能包括：公司願景、使命、創辦人、創辦團隊、創業點子、企業文化、商業模式、技術、產品或解決方案、品牌、技術人才、資金、合作夥伴，不一而足。不同的因素在不同的創業時空環境下，可能會有不同的影響。基本上我們可以將這些因素歸納成幾個類別：

1. 抱負：包括創業點子、願景、使命；
2. 團隊：包括創辦人、創辦團隊、核心團隊、企業文化；
3. 資源：包括資金、技術、品牌、專利；
4. 關係：包括合作夥伴、客戶或用戶、董事會成員、政府；
5. 時間：包括商業模式、法規、技術成熟度。

　　美國知名孵化器Idealab創辦人葛洛斯（Bill Gross），曾經參與投資過上百家新創企業，他列舉創業成功的因素，包括：創意點子、團隊與執行力、商業模式、資金、時機等，依據他的觀察與分析，最重要的因素，是時機，在解釋成功和失敗的差異中，時機占了42%。團隊次之，資金是最不重要的一項，他甚至歸納發現，墊底的公司反而都有雄厚資金。

　　葛洛斯以Airbnb為例，將房間分租的點子，在初期被許多投資人質疑，大家不相信，人們會願意讓陌生人進家門，但Airbnb出現的時間點，是在經濟危機的最高潮時，許多人們真的很需要賺點外快，這樣的利益，讓人們克服了要把自己的房間出租給一個陌生人的障礙。

　　各項不同的因素，對新創企業會有不同的影響。有人會說商業模式很重要，但往往商業模式都是不斷演化而來，並沒有所謂最好的商業模式。有的人說技術是很重要的元素，技術可能會影響產品的獨特性，但好的技術並不代表可以開發出好的產品，也並不代表在商業上可以成功。

　　有的人說資金很重要，如果要進行所謂的閃電擴張，企業確實需要充足的資金，否則無法進行，但我們也發現，有些新創企業沒有募集到很多資金，仍然可以持續保持成長。例如提供線上問卷數位資訊整合服務SurveyCake的新芽網路公司，從未進行過募資，僅靠著20萬的初始資金，和借來的500萬度過創業難關，成為台灣最大的雲端問卷公司，服務橫跨全球五大洲、攻進超過三十個國家。

有的人會說企業文化對新創企業不重要，這沒有絕對的答案，但是我們確實觀察到，能夠持續成長的新創企業，大部分都有清晰的企業文化，雖然這不代表這家新創企業一定可以成功，卻能強化企業內部的認同度與向心力，同時也有助於作為決策的指標。

亞洲設計購物平台Pinkoi共同創辦人暨執行長顏君庭就分享，他們有一個企業文化要素是「敢於失敗」（Dare to Fail），這幫助他們在嘗試新的產品與探索商業模式時，能夠勇敢跨出，且勇於承擔可能的後果。

如同AAMA台北搖籃計畫的核心思維：「成功不可複製，智慧可以傳承。」沒有一家新創企業的成功模式，可以完全複製到另外一家，新創企業能夠持續成長的關鍵因素，其實有其共通性，差別在於，每家公司的成功組合元素不同、執行方法不同。

新創企業是一個複雜的適應系統，裡面的每個參與者，包括創業團隊、投資者、客戶與合作夥伴，彼此之間的互動關係與方式，都可能影響經營的成果，我們往往無法在早期預測一家新創是否能成功。

自2012年啟動AAMA台北搖籃計畫，我們依據長期的觀察及陪伴超過二百家台灣新創企業成長的經驗，逐漸可以從一些持續成長的新創企業歸納出一些洞見。

我們依據產業類型及營收表現，選擇出十家代表性新創。依據類型，分為數位平台、數位技術，以及生活服務；依據營

收，則是考慮營收已達到10億元，或在未來一至二年內，預期可以達到10億元里程碑的水準。

透過與十家新創企業創辦人與核心團隊進行深度訪談，以及相關資料分析，同時參考多年來協助及陪伴超過二百家新創企業成長的經驗，我們總結歸納出台灣新創企業成長的五個關鍵要素。這不是透過完整的理論分析架構推論出來，但是我們希望透過總結台灣新創企業成長的關鍵，對在創業旅程上的創業者有所幫助。

關鍵要素一：具進化思維的創辦人與核心團隊

新創企業的創辦人或核心團隊從一個創業點子到發展成為一家持續成長的企業，是一個未知的旅程，新創企業往往面對的是一個非常不確定的環境，從創建期、產品市場適配期、加速成長期至持續成長期，每個階段的營運重點及所面臨的挑戰都非常不同，創辦人或創辦團隊往往過去沒有足夠的工作經驗，或是雖然有工作經驗但是第一次創業，因此必須要具備持續學習的能力。

另外，因為每個階段要扮演的角色不同，作為創辦團隊更需要反學習（Unlearning），也就是必須學習放棄前一階段成功的經驗，而重新開始接觸新的議題，我們最常看到的情況是，技術背景出身的創辦人，藉由技術力，打造出初代產品，創辦人通常就開始要面對如何拓展業務的挑戰，好幾個

AAMA的同學都告訴我，這真的很難！

此外，隨著公司的發展，規模變大之後，營運面向變得複雜，一方面需要有不同技能的人才加入，另一方面，創辦人個人精力畢竟有限，需要他人來分擔管理責任，特別在加速成長階段，如何加速培育內部的員工，並從外部聘用適合的人才成為核心團隊成員，透過有效的分工合作，以及具有共同目標願景的承諾，一起學習，對新創企業的成長非常重要。

新創企業面對快速變動的環境，特別是在創建期及產品市場適配期是求存活（Survival）的階段，任何一個重大的決策錯誤，都可能對公司產生致命的影響；當邁入加速成長或持續成長期，公司必須專注在市場贏取勝利，如何在此階段把握成長的機會，並能夠隨機反應，學著聰明冒險，是創辦人與核心團隊最重要的責任。我們觀察到，營收成長為10億元的公司，除了核心團隊成員不斷學習與反學習外，都能快速因應外部環境的變化做出決策，即使做出錯誤的決策也能快速因應調整。

在面對內部、外部快速變化的環境，創辦人及核心團隊不斷透過學習提升能力並調整角色，但是能夠驅動團隊願意一起努力，是為了要達成公司的願景及使命。因此，我們也觀察到，成長的新創企業都有一個清晰的願景及使命，創辦人及核心團隊高度認同並積極推動，不管面對失敗或挫折，能夠持續堅守公司的使命。

關鍵要素二：形塑企業文化，吸引對的人才

　　新創企業的文化通常隨著公司的發展不斷演化，能夠持續成長的新創企業都有清晰的企業文化及核心價值，例如Google早期最著名的企業核心價值，就是「不作惡」（Don't Be Evil），雖然後期刪除了此一價值，但不可否認，正是因為這種開放、透明且極具道德使命的企業文化，讓全世界無數優秀工程師願意加入他們訴求的改變世界的行列，並廣受社會讚賞，奠下了成功的基礎。

　　公司創辦人及核心團隊在形塑企業文化扮演關鍵的角色。相較於讓企業文化在公司內部逐漸有機地形成，持續成長的新創企業，通常其創辦人及核心團隊會刻意、有針對性地促進企業文化的形成，他們清楚，在公司業務及員工快速成長的階段，所謂人多嘴雜，如果沒有一套方法，往往會稀釋公司的文化，因此，我們看到不少新創會透過全員參與的方式，重新定義公司的文化及核心價值。

　　然而，關鍵的是，雖然企業文化及核心價值需要全員共同參與定義，但創辦人與核心團隊，除了需要在同仁的多元意見中，抓穩方向做出最後的文化決策，更重要的是，必須身先士卒，以身作則落實企業文化，並利用它指導公司重要的決策，並將相關的政策與企業文化緊密結合，才有可能將企業文化真正落實在日常營運，而非只是樣板口號。

　　特別是隨著近年來全球人才大戰，如何在日益競爭的人才

市場取得優勢，是新創企業最大的挑戰之一。好幾個創業家都告訴我，特別是面對更講求自我成就且看重社會永續價值的年輕世代，能夠持續成長的新創企業，往往在人才市場上，都必須具備清楚的雇主品牌及價值主張，它們將員工當作客戶來經營，知道如何利用公司的雇主品牌吸引對的人才加入。

有企圖心的新創公司，他們總是將找到對的優秀人才當作是核心團隊最重要的任務，同時，他們也重視人才的聘用及培育，並配合公司的發展階段採取適當的措施，例如他們會透過目標管理制度如OKR，鼓勵員工發揮潛力並找到自己的價值。此外，也會透過人才管理的制度，獎勵優秀並與公司文化契合的員工。綠藤生機的創辦人鄭涵睿有一個很好的比喻：「我們的工作就是砌磚、砌牆、建教堂！」

關鍵要素三：動態調整商業模式與成長策略

新創企業從一個創業點子開始，隨著公司的發展階段，一直在面對的課題就是不斷驗證並調整商業模式，這也是所有新創企業面對客戶、投資人和股東，最常被詢問與質疑的部分，非常少新創企業能夠在一開始就找到對的商業模式。

商業模式簡單來說，就是說明包含企業營運的各項商業元素，以及彼此之間的關係。這其中涉及到目標市場及客戶的選擇、對客戶的價值主張，並透過開發的產品或服務驗證與市場是否適配，同時找到規模化及收入模式。也就是說，商業模式

所談論的不只是獲利或財務模型的擬定，而是如何在正確的資源配置下，執行滿足客戶價值的活動。

我們觀察到，持續成長的新創企業，選定的目標市場及客戶，往往都具高度成長性，並且能透過不斷驗證，找到對客戶清楚的價值主張，更重要的是，它們會依據市場的機會及驗證的結果，不斷調整商業模式的內涵，同時也會考量發展新的商業模式。

新創企業在不同的發展階段必須採取不同的成長策略，持續成長的新創企業，面對商業模式的第一步，首先會清楚驗證產品與市場是否適配，並找到有效的客戶開發方式。它們會在成長轉折點到來時，準備提升相關的能力及基礎設施，並從產品、客戶及市場面向決定最適合的成長策略及模式，特別是不斷調整國際化的策略及計畫。同時它們也會考慮透過併購或投資來加速人才的取得及業務的成長。

在我們訪談的十家新創企業中，幾乎所有的公司，都經歷過商業模式轉變的過程，有些從針對消費者端轉移到企業端，有些則是產品與收入模式的轉變，或者從單一品牌、單一市場，延伸為多品牌、多市場的經營。推動轉變的因素，有些來自公司營運困境，不得不尋找新出路，也有來自於既有市場的新需求，加快布局腳步，這中間如何取捨安排，一切都得靠核心團隊的共同智慧與決策承擔能力。

關鍵要素四：持續優化營運管理架構及系統

　　新創企業在較早的發展階段，因為經驗不足，往往是依個人直覺做決策，特別是創辦人，具有舉足輕重的地位。整個營運管理的模式，包括組織架構、營運流程及系統都較為單純，雖然營運管理模式不正式且有點亂，但是影響相對不大。隨著業務不斷成長、員工規模快速擴大，如何優化營運管理模式就顯得非常重要，否則無法支持公司的快速成長。

　　歷經這幾年的觀察，以及訪談的回饋，通常在公司達到成長轉折點、開始要進入加速成長期時，就必須要持續優化整個營運管理的模式。組織架構要不斷地微幅調整，並配合每年的營運策略做一至二次的大幅改變，以快速因應業務成長的需要。

　　此外，對於公司營運的核心流程，包括：較早的產品開發流程、業務發展及銷售管理流程、品牌及行銷管理流程、客戶關係管理（Customer Relationship Management, CRM）流程，也都必須持續優化。對於支援營運流程的系統，一開始可能會使用相對便宜好用的系統工具，但是隨著組織規模及營運流程的複雜化，就會考量是否自行開發或使用相對較適合的系統，例如SAP、Salesforce這類系統工具。透過適合的營運管理系統，能夠快速提供動態的營運數據，減少人為判斷的偏見與誤差，以協助提升決策的效率及品質，並形成以數據驅動決策的模式。

　　凱鈿共同創辦人蘇俊欽跟我分享，在公司成立初期，各事業單位都有自己的管理方式，但因為人數增加與業務流程日漸複雜，公司管理必須用制度引導取代過去的主管宣導，因此在這幾年他們陸續導入ISO 9001品質管理系統與ISO 27001資訊安全管理系統，以確保整個公司的產品與服務品質更能夠一致。

關鍵要素五：協同策略夥伴共創價值

　　新創企業在發展初期，通常缺乏資源也較難吸引策略夥伴，但是隨著公司不斷地發展，如果有適合的策略夥伴協助，會對公司的成長產生關鍵性的影響。策略夥伴的意義在於，協助公司連結客戶通路與商業合作夥伴。持續成長的新創企業，總是可以了解如何建立及優化與策略夥伴的關係，並能有效利用它們的資源，拓展業務或發展國際市場。

　　策略夥伴並不侷限於傳統供應鏈上所提到的供應商或通路夥伴，它可以是天使投資人、策略投資人、顧問、產品技術合作夥伴。同時，在不同的發展階段，也會有不同的策略夥伴，彼此之間的關係不僅僅是取得商務合作的機會，更重要的是能夠建立起一定的信任關係，進而形成一定的市場影響力。

　　在早期階段，策略夥伴往往是天使投資人或產品技術夥伴。適合的天使投資人，在早期階段可以帶來產業的洞察、協助解決初期產品開發的問題，也能提供技術的諮詢，或是協助

介紹早期的客戶。或者，策略合作夥伴也可以是一家加速器，針對公司發展的特定問題提供服務；策略夥伴如果是一家國際級創投公司當然更好，它不但提供公司所需要的資金，分享全球成功新創的經驗，更可以連結或吸引公司所需要的國際人才。

　　能持續成長的新創企業，不僅需要能辨識出策略夥伴是誰，更需要了解如何建立及優化與策略夥伴的關係，並能有效利用它們拓展業務或發展國際市場。數據服務公司Vpon，能夠順利將數據服務的生意跨足到日本市場，靠的就是爭取到日本政府觀光局（Japan National Tourism Organization, JNTO）這個重要的夥伴，在夥伴穿針引線的作用下，順利切入政府端市場。

成長關鍵要素的動態關係

　　影響新創企業成長的五個關鍵要素，它們各自獨立存在但具有相互依存及影響的動態關係。我認為，具進化思維的創辦人與核心團隊，是影響新創成長的核心。一個具進化思維的創辦人與核心團隊，會不斷地學習並適應外部快速變化的環境。他們影響整個新創企業如何形塑不斷演化的企業文化，同時也是吸引對的人才加入的關鍵。一個具進化思維的核心團隊，會依據外部不確定的經營環境，不斷地探索及驗證適合的商業模式，並會研擬及執行適合的成長模式及策略。可規模化的商業

模式及成長策略,會影響企業持續優化營運管理架構及系統的必要性,並透過營運數據來支持成長策略的執行。核心團隊及選擇的商業模式會影響策略夥伴的選擇,並協同策略夥伴合作共創價值。此外,持續優化的營運管理架構及系統,需要與外部營運夥伴協同運作,以確保營運效率的提升。五項成長關鍵要素的動態關係如圖3-5。

圖3-5:成長關鍵要素的動態關係

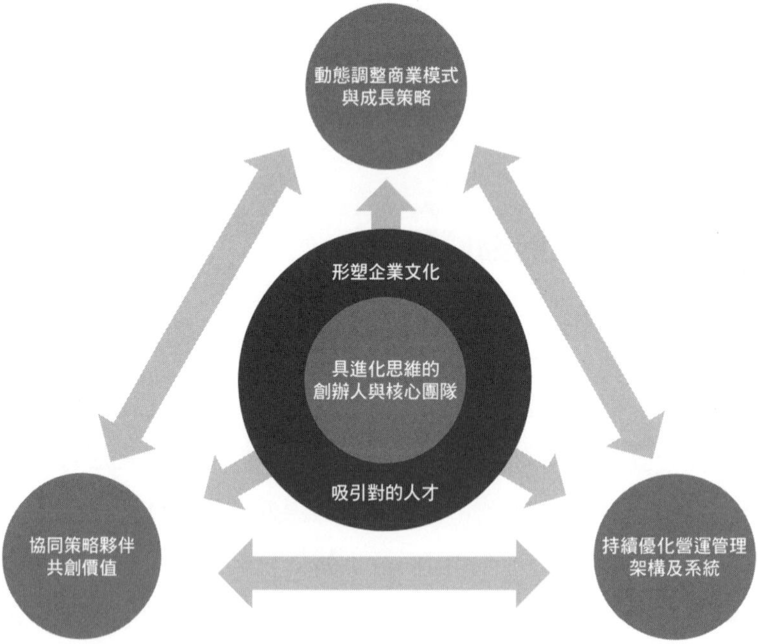

成長關鍵要素自我評估與分析

　　面對創業過程中的各項挑戰，關鍵不在於投資人或外界怎麼看，而是創辦人與核心團隊是否有清楚的自我認知，我常跟AAMA同學分享蘇格拉底（Socrates）曾說的一段話：「You don't know what you don't know.」我們應該要自覺，自己可以學習成長的面向是多元的，最好的方式是持續自我評估，並對需要提升的部分永遠保持成長的思維及開放的學習態度。

　　因此，我在撰寫此書時，也根據前面提到的五大成長關鍵要素，邀請AAMA台北搖籃計畫十家代表性新創企業與其他新創企業，填寫「新創成長關鍵要素自我評估」問卷，逐一自我檢視公司符合的程度：1表示「非常少符合」，2表示「少部分符合」，3表示「部分符合」，4表示「大部分符合」，5則是「絕大部分符合」。有關五項成長關鍵要素評估的問卷內容，請參考附錄二。

　　透過創辦人及核心團隊針對五項成長關鍵要素的自我評估，可以讓核心團隊在忙碌的日常營運中，停下來檢視各項成長關鍵要素的內容、目前符合的狀態。透過核心團隊成員的評估及討論，可以一起找出新創成長可能遇到的挑戰，特別是對於評估符合度認知差異較大的部分，也可以透過討論釐清，並對成長的關鍵議題建立共識。

　　此外，透過與代表性新創企業符合度做比較分析，可以檢視公司目前的狀態以及需要調整改善的部分。依據AAMA十

家代表性新創與其他新創創辦人針對成長關鍵要素的自我評估，各項成長關鍵要素的平均符合度分數彙總比較如圖3-6。

依據上述的比較分析，我們發現，能夠持續成長至10億元的案例新創企業，在五項關鍵要素的符合程度，均高於其他新創企業（大部分處於新創發展的第二階段或第三階段早期）。在五項成長關鍵要素，我們發現案例新創與其他新創在「具進化思維的創辦人與核心團隊」與「形塑企業文化，吸引對的人才」這二個關鍵要素的符合度差異較大。說明這二個關鍵要素是影響新創成長的核心。

圖3-6：案例新創vs. AAMA其他新創成長關鍵要素評分比較

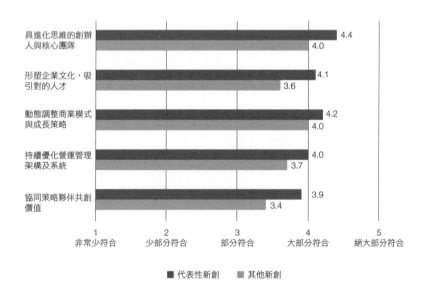

　　此外，我們也觀察到，「持續優化營運管理架構及系統」和「協同策略夥伴共創價值」，符合度明顯較其他關鍵要素為低，這也說明，通常新創在第三階段才會開始重視如何優化營運管理系統來支持公司快速成長。我們觀察到，台灣新創除了跨國營運增加複雜度外，相對較為簡單。

　　至於「協同策略夥伴共創價值」的符合度普遍較低，顯示台灣新創在如何協同策略夥伴合作以協助驅動成長，仍然有提升的空間。我們接下來的各章節，將針對這五項成長關鍵要素做深入詳細的分析，並以案例說明。

第四章

具進化思維的創辦人與
核心團隊

「給我們帶來麻煩的，不是我們不知道的事，而是我們自己認為很了解的事。」

——馬克・吐溫（Mark Twain）

　　在我個人的職場生涯中，我一直相信，性格態度決定命運，但有些時候，又會覺得，一切似乎也有某種注定。記得我的夫人曾經有一次去算命，那位算命老師告訴她，你先生是一個閒不下來的人，喜歡挑戰新的事物。現在回頭來看，還真有這麼一回事。

　　自從1981年進入職場後，我在職場的發展一直都相當順利。在成功大學擔任一年講師後，就進入勤業會計師事務所，之後在1988年被事務所外派到芝加哥總部歷練十八個月的在職訓練，這段經歷，除了讓我擴展專業的視野外，也讓我決定從審計專業轉入全新的管理顧問領域。

　　從美國回台灣後，不管是主導台中分所的重整轉型，或是發展新的顧問業務工作，雖然遇到一些挑戰但總是可以順利達成任務，我曾經在五年內，把原本十人左右的顧問團隊，發展到二百人的規模，同時接下101大樓的BOT案＊、公賣局公司化、國光客運民營化，以及多家大型企業流程改造與導入企業資源規劃（Enterprise Resource Planning, ERP）專案等重要業務。在2004年時，我再被派調中國大陸，擔任德勤中國華北區負責人，從掌管約五百人的團隊，四年內擴展到二千人規模，2008年之後負責德勤中國策略及全國客戶與市場業務。

　　雖然我不是一個創業家，但我的職場生涯常需要不斷進化，無論是擔任大學講師、會計師、管理顧問、創投總經理；

＊　BOT：指公共建設先由民間興建（Build）、營運（Operate）一定期間後，再轉移（Transfer）回政府的模式。

無論在台灣、美國及中國大陸工作，我經常會轉換一個全新的角色，需要面對一趟冒險未知的旅程，同樣必須快速提升不同能力、思考經營的策略、資源的調配，以及如何帶領團隊成長的發展挑戰。

一個階段的成功，並不保證可以跨入下一個階段，下一階段的成功，也往往不是單純基於過去成功的經驗，反而是必須重新調整改變。因此，具有成長性的思維，勇於面對機會與挑戰，對於管理者或是創業者都是非常重要的能力。

我心裡一直對自己有個期許，就是要「成為不一樣的人」，我總是不甘於只把眼前的事做到、做好，時常尋找下一個可能性。記得在芝加哥總部受訓期間，我只要把份內的事一做完，就會去問合夥人，「我還能做什麼？」有次，聽到一位合夥人說，想要用大型電腦進行客戶資料分析，這樣對於業務的開發與拓展很有幫助，雖然當時我不是很懂大型電腦，也不懂使用的程式，但就抱著相關書籍與資料，跑去電腦中心從頭學習一星期，直到把程式跟數據搞懂！這顯示我勇於接受挑戰，並樂於學習新技能，奠定了我日後擔任顧問的能力。

因此，在我開始經營AAMA台北搖籃計畫創業者社群時，有一個很核心的價值就是學習與分享，必須讓創業者們不僅保持學習的精神，更要一群人一起學習。AAMA的社群運作和學習，一直是「以學習者為中心」，包括成長工作坊、行動學習和導師的一對一諮詢。從AAMA第一期成立開始，我們每一屆都會舉辦二天一夜、二十四小時的創業營活動，都是

依照成長期創業者面臨的各種經營議題,設計整個學習計畫。

我認為,對於創業者而言,最困難的不是面對挫折或失敗,而是面對各種挫折及失敗後,仍然沒有失去對創業的熱情,並堅持不懈地學習。

新創企業的成長是不斷進化調適的過程

對新創企業而言,創辦人無疑是整個企業的靈魂。他是否具有開創性的思想、他對經營的觀念、本身的個性、意志、作風,以及對於產品服務品質的要求等,必須想前人不敢想,做前人不敢做!無論是針對企業或消費市場,每個時代的創辦者,只要有心,都能找到前所未有的機會。

鮮乳坊的創辦人龔建嘉,原本是擔任大型動物的獸醫,在和酪農相處的過程當中,發現台灣乳品廠和酪農的關係非常對立,在食安事件後,被剝削已久的酪農甚至覺得養牛是丟臉的事情。看到這樣的狀況,當時還年輕的他很憤怒,雖然缺錢、缺人、缺資源,他還是決定創業。「憤怒會是燃料,而正面思考會是你前進的方向。」

2022年,身為中興大學校友的龔建嘉受邀回校畢業演講,他說道,創業的舉動樂觀到讓別人覺得不切實際,而當中嘲笑的人也沒有少過。但自己還是樂觀地認為,應該有改變的可能性。他從憤怒開始,但用正面思考的態度來嘗試找到新的解決方案。「對我來說,公司只是一個想法的載體,用來改變

我想改變的事情。」到今天，鮮乳坊已經是將近八十位夥伴的公司。

　　許多我所接觸的AAMA創業者都像龔建嘉這樣，希望用盡自己的全力，讓世界可以用不一樣的方式運轉。歐萊德創辦人葛望平曾問自己：「生命有限，我們可以留下些什麼？」公司原來以熱情、時尚作為品牌定位，發展四年後決定轉型，向綠色永續邁進。當時他身心都出了狀況，深切省思後，重新以改善健康為轉型出發點，一心想著「如何做出綠色友善的洗髮精？」2019年在巴黎舉辦的全球「永續美妝峰會」，歐萊德超越歐洲、美國、日本等美妝知名大企業，贏得最大獎「永續領導獎」。

　　從創業點子的誕生到營收達到10億元以上的規模，或成為細分市場與產業的領導者的過程中，雖然需要經歷的時間會有不同，但都必須走過類似的發展階段，每個發展階段的重點及成功的關鍵也不同：

1. 創建期：管理的重點包括初步驗證創業點子、選擇創業的團隊、募集初期的資金及人員、開發及測試初步的產品。
2. 產品市場適配期：管理的重點包括驗證產品市場的適配性、聘用所需的人才及取得資金、建立初期營運管理模式、驗證有效開發客戶的方式。
3. 加速成長期：管理的重點包括研擬成長策略及模式、管

理組織的成長、取得快速成長所需的資金、優化營運管理模式及系統。

4. 持續成長期：管理的重點包括建立策略管理系統、準備及進行上市、管理組織的持續成長及提升營運卓越性。

新創企業在不同的發展階段，對創辦人及核心團隊而言，管理重點與需具備的能力自然也就大不同。在前二個階段主要的目標是追求存活，因此，必須在缺乏資源的情況下，追求各項資源最有效率的運用，需採取快速驗證、快速失敗及快速調整的方式。而到了第三與第四階段，營運的目標則在於如何贏得市場，也就是在速度（快速擴張）與效率間取得一定程度的平衡。創辦人與團隊的挑戰在於，能夠計算在快速成長下，企

圖4-1：新創不同發展階段的管理重點不同

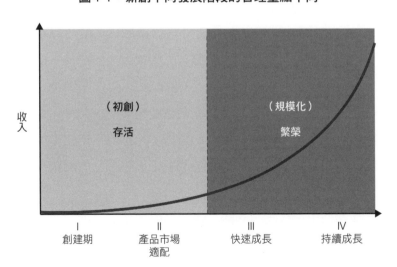

業可能面臨的風險，以及降低風險的方法。

　　由於創業過程一直處在動態調整的狀況，創辦人及核心團隊一方面需具備進化思維，才能隨著公司的發展，以及預期未來可能發生的改變，進而不斷透過提升能力以快速因應調整；但另外一方面，隨著資源條件的變動，團隊如何又能保有長期不變的創業初衷，以使命及核心價值吸引對的人才加入，驅動公司成長，也是必須以謀定而後動的心態來面對。

新創執行長的任務及角色轉變

　　一家新創企業的執行長，通常由創辦人擔任，對於公司的發展扮演非常關鍵的角色，這是一個非常具挑戰但也孤獨的角色。隨著公司處於不同發展階段，他必須能夠快速學習成長並調整自己的角色，在很多情況下，他必須「反學習」，放棄過去成功的經驗而重新學習。

　　iCHEF執行長吳佳駿在回顧自己創業以來的心情，他分享道：「我覺得做事方法上確實有一些成長，以前我還會比較堅持在某一條路線上，但是現在越來越能夠接受，其實只要終點能夠到，我可以看得清楚更多的選擇。」他說，iCHEF的幾位共同創辦人，常常在問的是，事情是有沒有更好的解決方法？有沒有更好的選擇？

　　從站穩市場位置，到能夠帶領高績效組織，執行長主要的角色就是領導公司並做決策，通常包括三個重要的工作：

1. 建立團隊及方向：勾勒公司願景及使命、形塑公司的文化、吸引核心團隊的加入、負責對內及對外的溝通。
2. 擬定營運策略：定義目標市場及客戶、調整商業模式、研擬成長策略、管理融資策略、選擇及建立策略夥伴、經營重要客戶。
3. 統籌執行資源：設定公司目標管理、取得必要的資源、管理組織及人才、優化營運管理系統、管理重要的決策。

在以上三種工作面向中，就我的觀察與訪談，作為創辦人或執行長，一開始往往都聚焦在執行的面向，隨著公司成長，所謂的領導力才會漸漸顯現出來。我們可以將執行長在新創企業不同發展階段扮演的角色分成三種。

一、領導自己的執行長：
求取生存（To Survive）

在創建期或產品市場適配早期階段，由於企業仍處在求生存的階段，通常缺乏各項資源及人才，創辦人或執行長往往都要因應公司的需求，在角色與責任上具備多樣的面貌。

有的時候，得是一個親力親為的執行者，例如親自寫產品的程式、親自面試每一位新進員工，也常深度涉入公司產品開發、技術研發及日常營運；也有時候，執行長就是一個專案的負責人，例如領導產品開發專案、進行公司的種子輪融資；當

然，他也會是一個人力資源的管理者，帶頭形塑公司的使命及企業文化、建立共同創辦與核心團隊、選擇及經營策略夥伴等。在這個階段，創辦人或執行長幾乎認識公司每一位員工、做每一項日常決策。

因此，我要提醒的是，創辦人或執行長之所以能夠站穩發展腳步，最重要的功課就是必須學習領導自己，知道自己的優點、缺點，學習讓自己在不確定的環境下做出決策。從過去的錯誤學習教訓，接受自己行動帶來的責任與後果，更重要的是，知道自己是誰，還有為何而戰。

二、領導團隊協作的執行長：
贏得戰役（Win the Battle）

當公司驗證產品市場適配、找到有效開發客戶的方式，並進入快速成長的階段，此時往往也正是許多新創很大的成長挑戰。

「在思考下一個成長動能時，一個是既有平台上的加值服務，另一個就是市場的拓展。我們在台港澳會面臨天花板，而日本在文化、地理和友好程度的契合，是台灣新創可去運用、創造能見度的市場。」Pinkoi共同創辦人暨執行長顏君庭在2022年接受《商業周刊》的訪問時指出，種種條件，讓日本成為Pinkoi發展海外市場的第一站。

Pinkoi雖然很早就進入日本市場，但日本人重視品牌細節及文化差異，加上消費者對海外服務的信任度也較低，市場推

展一直遇到瓶頸。為了進入日本市場，Pinkoi在2016年收購了日本設計電商平台iichi，成為iichi的最大股東。

這個決策，不僅幫助Pinkoi成功切入日本，同時，日本市場對服務水準的高要求，也協助團隊淬鍊出更好的競爭力，將「茁壯亞洲設計生態圈的品牌使命」往前推進了一大步。

值得注意的是，通常在此階段，創辦人會開始積極逐步建立核心團隊來領導部門或功能，這時創辦人的執行長角色，不再是事必躬親做各項決策，而是調整為協調整合的角色，授權讓核心團隊成員做決策。

從第一階段的事必躬親，到這個階段要開始授權，往往是很多新創企業執行長很難調適的過程，主要是因為在前階段習慣所有事情在其控制下，擔心他無法直接控制營運結果，要學會放棄控制、又能維持控制是相當困難的。

能夠跨出第一步的新創，往往都是因為具有強大的執行力，但隨著公司的發展，很容易陷在執行的層面，忽略了更宏觀的策略角度，有可能過度在意細節，或者因為機會變多了，開始在方向的選擇上犯迷糊。最可怕的是，他可能過於執著個人的想法，在一個不正確的方向花了太多精力。

「當時的確有不敢放手的心情，怕團隊不夠快、怕大家對業務不熟悉，」Pinkoi執行長顏君庭不諱言，自己是技術出身，看到很多要新開發的功能，會忍不住動手寫程式，「後來是另個負責技術的共同創辦人，直接在系統上把我的權限關掉！」他說，這個經驗讓他體認到，創辦人必須意識到，要學

習如何充分授權給團隊。

　　因此，在此階段，執行長必須要學習與核心團隊成員定義目標及指標，以及權責分工的框架，確保在未來快速變動的環境中，營運不會發生重大偏離的情況下，能夠做到充分授權，讓新創執行長可以將時間花在對企業發展更有意義與助益的事情上。

　　在國內外許多新創的發展歷程中都可以看到，創辦人在此階段需要外聘一些能力比他強的高階主管，這對他可能造成不習慣。他必須考慮重新定義企業文化以降低員工規模擴大所帶來的文化衝擊。在此階段，執行長重要的角色，是如何充分授權，並確保不同部門能夠協調合作，朝著公司的使命邁進，並能有效達成公司的年度目標。

三、領導公司成功的執行長：
　　贏得戰爭（Win the War）

　　從領導團隊協作到真正領導公司是一個非常大的轉變，它是完全不一樣的工作，需要不同的思維及行為。創辦人或執行長必須重新找到在未來如何對公司增加價值的角色，而不是持續依據過去的方式。其中一個非常重要的角色，是影響他人、幫助核心團隊持續成長及轉型，他必須在核心團隊間建立深度的信任及合作關係，同時必須協助建立核心團隊以外的領導團隊，以因應公司未來發展領導人才的需求。

　　創辦人或執行長思考的是影響公司未來在細分產業建立領

導地位的長期策略，以及二至三年的營運目標，他有時必須面對重要而困難、但影響公司未來發展的關鍵決策：包括撤換不適任的高階主管，或甚至於要找到適合的外人取代自己執行長的角色。

最知名的例子就是Google，2001年，該公司僅成立三年且尚未上市，技術出身、自認管理經驗不足的創辦人佩吉（Larry Page）與布林（Sergey Brin），找來曾在任職昇陽系統（Sun Microsystems）期間，主導了公司最重要的產品Java技術平台的發展，後擔任網威（Novell）公司執行長的施密特（Eric Schmidt）出任執行長一職。

在施密特的帶領下，Googl從一個搜尋引擎，茁壯成為業務涵蓋地圖、軟體、並收購影音串流平台YouTube、發展雲端等服務的科技巨擘，直到2011年才將執行長職務重新交還給佩吉，並於2017年底卸下執行董事長的職務。

Facebook也歷經類似的過程。2007年底，Facebook創辦人祖克柏（Mark Zuckerberg），當年花了連續六週的時間懇談，邀請當時任職於Google的桑德伯格（Sheryl Sandberg）加入，她的任務就是要帶領這個社群網站開始獲利。

桑德伯格加入後，原本每年虧損高達5,600萬美元的Facebook，自2008年後逐漸轉虧為盈。Facebook靠著廣告模式，成為當今最有影響力的媒體，而桑德伯格也成為全球女性管理者的標竿。

然而，隨著公司目標的轉變，桑德伯格在2022年6月宣布

辭職，將於秋天離開待了十四年的Facebook，但仍保留董事席位。創辦人暨執行長祖克柏對此事回應表示，桑德柏格過去是Facebook的「超級領導者」，以自己獨特的方式，定義了營運長的角色，不過公司更名為Meta之後，現在來到需要整合、結合的時間點，必須改變公司旗下產品各自為政的現況。

　　從這二個例子可以看到，不論是否為新創，企業發展永遠在演化的路上，特別是面對現在這樣變化快速的商業環境，作為新創執行長，除了修練各項領導管理技能，包括願景、領導力、溝通力及執行力外，他必須隨時能夠綜覽全局，也能夠見微知著。

　　另外，同等重要但往往被忽視的是，創辦人內在的靈魂，也就是他內心思維及行為的模式。其中包括能幫助學習及反學習的自我覺察、兼具樂觀與悲觀的思維、作為領導力及文化基礎的正直，以及對於使命的熱情，好幫助他度過好的、壞的時候。

　　從領導自己到領導團隊到領導組織，需要不斷地學習與反學習，大部分的執行長因為無法調適這個轉變，便影響到新創企業是否可以持續成長。作為一個新創企業的執行長，有機會帶領公司從零到可以影響客戶、產業甚至於社會，這是一個很棒的學習經驗，雖然學習的過程有時非常孤獨而痛苦，但當你有機會回顧整個過程，那是非常難忘、值得的經驗，不管到最後是成功或失敗。

Appier：用全球化人才，做全球的生意！

　　一家成功的企業，最重要的三大支柱就是產品、資金與人才。特別是中高階人才，更是許多台灣新創面臨的重大挑戰。主要是台灣新創企業的項目，許多都是來自於新技術應用，或是新商業模式，過去代工或製造的經驗，難以複製，使得新創的核心營運，仍難以交棒分工，常得由創辦人親力親為。此外，台灣以半導體產業為首的資通訊產業，對於科技人才本就需求若渴，輔以上市櫃的優勢，更加劇了台灣內部的科技人才競爭。在這樣的狀況下，Appier的經驗就顯得特別突出。

　　「我們對於找人才有很強烈的執著！」Appier共同創辦人暨營運長李婉菱表示，要打造頂級AI企業，就需要頂級人才的合作。特別是隨著業務日漸國際化、產品多樣化，需要連結全世界的優秀人才，才能建立正向的營運循環。

　　在過去幾年，從技術、業務到營運面，Appier花了相當多的心思在建構核心營運團隊。

　　2016年，Appier以借調的方式，延攬Appier創辦人與執行長游直翰的大學同窗，台大資工系副教授林軒田擔任首席資料科學家，目的在於強化Appier既有的研發能量，把AI從原先專注的數位廣告，拓展到其他領域，並啟動與台大合作的人才交流與培育計畫。

　　當時出席記者會的台大副校長陳良基直言，台灣學術界

在AI上的研究成果與國際同步，反倒是產業界過於保守，不敢針對創新科技投入資源，發展落後於全球，也導致台灣高階人才缺乏發揮的舞台，透過這樣的合作，由業界轉動齒輪，帶動更多人才形成良好循環。

對於一直需要走在技術前端的軟體企業，產學合作的確是一條可行的途徑。2018年，Appier再次延攬專精電腦視覺（Computer Vision）、自然語言處理（Natural Language Processing, NLP）、深度學習（Deep Learning）與強化學習（Reinforcement Learning），並擁有二項專利，僅三十五歲的年輕學者，清華大學電機工程學系孫民助理教授出任首席人工智慧科學家（Chief AI Scientist），希望藉其多年在AI領域的專業及研究資歷，協助Appier持續因應產品創新，建構可規模化的AI系統，並帶領團隊探索多元領域的AI商業應用。

2020年，又延攬在台灣大學資訊工程系任職十四年的林守德教授，擔任首席機器學習科學家（Chief Machine Learning Scientist），這也是Appier任用的第三位學者。林守德對外表示，「Appier的成功，代表台灣可以從無到有產生一家國際化AI企業，也代表台灣的AI人才有一個舞台，轉換到業界是個big decision，我看到Appier有『玩真的』的態度。」

除了技術端的主管，Appier也持續聘任熟悉當地市場，並且在數位行銷或是科技領域具有豐富經驗的資深業務主管，幫助團隊有效拓展市場，或實現垂直領域的業務擴張。

　　曾任職野村控股（Nomura Holdings）、日本經濟產業省資源能源廳，以及網路公司DeNA的橘浩二，於2020年加入Appier，擔任財務資深副總，負責監管Appier財務和會計業務，以確保與資本市場的溝通順暢和財務計畫的有效執行。2021年7月，再成為Appier日本公司負責人。

　　2022年，Appier再次宣布，邀請曾任職於麥肯錫顧問公司（McKinsey & Company）與國際醫藥數據與科技公司IQVIA，擔任其策略部門高階主管的張哲緒擔任策略長一職，負責併購與合作夥伴策略。

　　從以上核心團隊建構的演進可以看出，Appier的策略已經朝著「贏得戰爭」的全面性角度在思考。許多人都好奇，創業人才的國際競逐激烈，為何Appier可以吸引到如此多元且國際化的人才？李婉菱不否認，的確公司體質與營運狀況要到一定程度，在部分角色上才有機會吸收到頂級人才，但更重要的是，企業是否能給予這些人才足夠的舞台空間可以發揮，還必須要有足夠的願景驅力與社會使命感。例如幾位頂大的教授加入，都是抱著能讓台灣年輕一代有更多機會磨練能力，讓台灣的優勢可以被全世界看到的心情，「我們希望成為國際化AI人才的孵育平台，甚至引領台灣的產業轉型。」

共同創辦人與核心團隊的組成及角色轉變

　　創立一家企業是一個創辦人或有幾個共同創辦人比較好，並沒有標準答案。但是考慮到目前創業的環境及條件，要建立一個具成長潛力、可規模化的新創企業，有幾位共同創辦人應該是較好的選擇。

　　一家新創企業大部分都是在創立初期，就決定共同創辦人，也有少部分是創業一段時間後，另外有新的共同創辦人加入。共同創辦人有二到四位，通常屬於正常的情況，太多的共同創辦人可能會造成分工不清，或對公司未來發展有不同的看法，而對公司造成不利的影響。共同創辦人通常有下列幾個條件。

一、同學、同事或好友的關係

　　基於過去相互的了解，會比較容易建立信任關係，並減少初期溝通的難度。因為創業過程是一連串的取捨選擇，一起工作或生活過，才能知道這個人的行事風格，以及他怎麼思考、怎麼做選擇等。同時，在面對困難時，也因為信任關係，較能彼此扶持度過。

　　我們觀察到，在台灣，很多新創企業的共同創辦人，都在過去有一定的關係。以十家代表性的新創企業為例，大部分的共同創辦人都符合上述同學、同事或朋友的狀況，除了少數的共同創辦人因個人因素離開公司外，大部分的共同創辦人隨著

公司的發展，到目前為止都還繼續在公司扮演關鍵的角色。

　　雖然有一定關係的創業夥伴，能夠降低創業初期的摩擦，但通常在共同創辦人的組成中，除了少數例外，我個人比較不建議夫妻的模式。看起來夫妻共同創業可以兼顧事業與家庭，但經營企業會牽涉到職能權責、利益與資源分配，以及公領域與私領域的切割等，都需要極大的智慧來協調。

　　在十家受訪公司中，Appier就是極少數又是同學、又有夫妻同時在創始團隊的例子。創辦人暨執行長游直翰笑說，當初準備創業時，需要找一個頭腦清楚且薪資可以負擔的營運人才，發現太太李婉菱就是最好的選擇，因此遊說她加入團隊。「與其說我們是夫妻創業，我比較認為是同學創業！」

　　「非常同意，我加入Appier，對公司發展是很重要的！」具有免疫學專業背景的李婉菱笑說，她在史丹佛大學讀書時認識游直翰，在哈佛大學唸書時認識另一位創辦人蘇家永，「他們就是典型理工男，的確需要有人幫忙，」李婉菱說，當時自己也正好面臨生涯的轉折，出國讀書離家多年後，希望未來可以離家近一點，加上創業工作跟過去學術經驗很像，都是要辨識出問題，然後提出解決方案，覺得自己的能力對團隊是有幫助的，雖然媽媽反對，還是義無反顧加入團隊，「對我來說，這也是一個可以學習很多的機會。」

二、具有不同的背景及能力互補

　　共同創辦人通常會需要在產品、技術及業務營運扮演重要

的角色。不同的背景及能力互補的共同創辦人，透過適當的分工並相互合作是正常的情況。在以技術為導向的新創企業，通常有幾位共同創辦人是技術專長的背景，如果執行長也是技術背景，也可能在創業初期扮演多重的角色。

新創企業共同創辦人的角色，有些會隨著公司的發展階段而調整，我們也觀察到有些共同創辦人雖是同樣的背景，但是透過快速學習也可以擔任不同的角色。

例如 iCHEF 的組成，三位創辦人分別掌管產品、營運與行銷，之後再加入財務的角色。但我們也發現一個有意思的地方，在數位類的新創公司中，因為技術要求高，通常一開始團隊會以技術或產品人才為核心，隨著公司發展後，開始要積極補足業務的面向。

「我們幾個創辦人都是遊戲世代，讀高中時，常一起打遊戲，我們都這樣講說，創業的過程跟打遊戲闖關很像，一個好的團隊要有戰士、要有牧師、要有法師，就是一定要有人砍怪，或者去前線面對敵人，一定要有人在後方補血，不然你很快就會死掉，還要有人在後面研發武器，然後給大威力的攻擊。如果你只有戰士、沒有法師，你就永遠要拖很久很久，甚至你可能就沒有辦法結束這個遊戲。」吳佳駿比喻，戰士就是業務，要去面對客戶、要去現場解決問題，行銷團隊就是牧師，需要幫業務補血，然後法師就是工程師，要去想辦法創造很多產品與解決方案，面對客戶比較輕鬆。「我就比較像公會會長，在參與這個任務的過程裡面，需要多去想這件事情，把

遊戲規則制定好，去確保大家都可以在裡面玩得很開心，然後
覺得在這裡很有意義！」

三、共享公司未來的願景及使命

創業往往是一趟冒險未知的旅程，有些創業可能是一個很
棒的創業點子就有機會吸引人一起加入，但也有很多時候，一
開始並沒有非常明確的創業方向，只是創辦人看到一些可能顛
覆現有市場的機會，或現在的公司對某些客戶的問題並不太重
視，因此決定離開現有的工作放手一搏。

不管一開始大家是基於什麼動機一起創業，隨著新創企業
的發展，不管是好的時候或是不好的時候，真正能夠讓共同創
辦人長期共同在一起打拚，背後都有一個彼此認同、共享的願
景及使命，這才是可以讓大家一起走下去的關鍵。

新創企業開始進入快速成長的階段時，通常需要擴大核心
團隊的成員，核心團隊的成員通常包括產品、技術、行銷、營
運、財務或人資部門的主管，如果早期的共同創辦人隨著公司
的發展持續學習成長，通常可能成為部門或功能的高階主管，
並成為核心團隊成員。

在公司快速成長的階段，往往需要外聘更有經驗的業務拓
展及行銷高階主管，如果內部沒有適合的主管，從外部聘用應
該是適合的選擇。我們觀察到，只有少數新創企業完全是透過
內部培養核心團隊。

Dcard：核心團隊，讓年輕的來！

　　Dcard的創辦人林裕欽，1991年次，才三十歲出頭，創業的原因，是有感於大學生要真正能展開社交、認識人，其實並沒有想像中容易，因此從線上聯誼的角度，架設了每天午夜十二點抽卡配對的平台，後來，加入校園論壇的功能，到開放非大學生使用者，漸漸成為台灣重要的綜合性論壇，觸角也擴及海外，營收主力為廣告，也透過「好物研究室」嘗試電商的新商業模式。

　　林裕欽不諱言，因為商業模式對接的是一般消費者，類似的社群營運模式，在台灣幾乎沒有成功的先例，對比Facebook向外尋找有經驗的資深產業人才，Dcard更偏好採用內部培養的模式來建立團隊。

　　「產業經驗當然可以帶來東西，但也不代表一切，團隊願意持續學習才是關鍵。」Dcard負責人才營運的彭睦潔分析。

　　林裕欽強調，與其訂立僵固的指標要求，不如讓員工對未來有想像，自然有不斷學習、改變現狀的動力。在Dcard，書籍、課程講座不需審核流程、全額補助外，不同部門會有固定的讀書會，也會透過內訓的方式，邀請業界人士、企業顧問不定期來公司分享經驗，例如什麼是設計思考（Design Thinking）、「第二曲線」等理論，每年也會送二十至三十位員工直接出國參加技術研討會，也鼓勵同事們以專

題的方式進行線上學習。「我們要幫助員工開眼界，並建立
起自己工作的方法論！」

　　這樣的做法，其實來自林裕欽個人的體悟。他説，自己
在2017年的時候，狀態不是很好，公司雖然在成長，但自
己卻有點失去方向，不知道自己該做什麼，接觸到成長思維
的理論後，才整個人豁然開朗。

　　不管是內部培養或是外部聘用的核心團隊，雖然職位的名
稱並沒有改變，但是扮演的角色隨著新創企業的發展，已經有
很大的轉變，核心團隊成員如何持續學習並扮演不同的角色，
對新創企業的成長至關重要。核心團隊成員通常隨著新創企業
的發展扮演下列不同的角色：

1. **超級明星**：在角色上，他們是所謂的專業貢獻者，通常
   具備某方面的特殊技能，或是在其他公司有一定的經
   驗，例如加入新創企業早期負責技術、產品或工程的人
   員，或者是具備強大的業務能力。他們在此階段都是親
   自投入各項工作，這些早期的共同創辦人或主管，有如
   公司的明星，在公司缺乏資源及人才的條件下不斷克服
   不同的挑戰，順利開發初步的產品，或是贏得第一個客
   戶。他們對新創企業有一股特殊的熱情，他們享受在缺
   少資源及人才的條件下，解決困難的問題，他們常互相
   合作，也形塑公司早期的文化。

2. **超級英雄**：在團隊中，他們的定位是企業內的激發協作者，當新創企業進入快速成長的階段，他的角色必須由自己完成轉變為透過團隊完成。原來帶領的團隊成員會快速增加，他需要投入較多的時間聘用適合的團隊成員，他需要授權，並透過團隊合作達成公司交付的目標。這對很多核心團隊成員是非常難以適應的，新的角色不論是思維、行為及技能都必須做出較大的改變。

3. **超級領導者**：最後的階段，就是要能成為高效領導者。當公司持續成長為細分市場或產業的領導者，原來扮演超級英雄的核心團隊成員，必須要進一步轉變成為超級領導者，他必須要領導更大的團隊及複雜的營運，同時必須持續聘用或培養更多的超級英雄。此外，他需要更加關注與其他部門及外部夥伴的協作，以確保達成可預測的營運成果。

如果以美國職籃（NBA）球隊為例，效力於洛杉磯湖人隊（Los Angeles Lakers），曾三度贏得NBA最有價值球員、得分王等殊榮，被稱為「詹皇」的球星詹姆士（LeBron James）無疑地是超級明星的角色。然而，另一名隸屬於金州勇士隊（Golden State Warriors）的球星柯瑞（Stephen Curry），缺乏體能與身高優勢的他，除了自身不斷努力外，更能認真了解隊友的強項，激勵隊員們發揮長處，運用每個人的優勢互相學習成長，培養團隊默契，讓四十年來從沒機會成為冠軍的勇士隊，

終於在2015年贏得冠軍，之後更是在近八年來六度闖入總決賽，包括2022年在內，四度贏得總冠軍的佳績，展現了所謂超級英雄的特質。

　　核心團隊的成員，必須隨著新創企業的發展，持續學習成長並調整扮演的角色。核心團隊的成員是要從內部培養，或是要從外部聘用，並沒有一體適用的答案。我們觀察到從超級明星到超級英雄的轉變相對較為容易。

　　以代表性新創企業為例，大部分的共同創辦人與核心團隊的成員都可以調整，其中有部分特別是業務拓展、進入國際市場或目標客戶轉換（例如消費客戶轉向企業客戶）時，往往需要考慮外聘。

　　另外一個需要考慮的是公司成長的速度，可能內部培養會來不及，但也必須注意的是，透過外部聘用核心團隊成員，也可能會因為做事風格不同，對內部員工造成衝擊，這是執行長必須要權衡做出的決策。我們也觀察到，從超級英雄到超級領導者的轉變挑戰性較高，特別是在台灣，新創企業的領域通常較新，相對有經驗的人才不多，這可能也是台灣新創企業要持續成長最重要的挑戰之一。

鮮乳坊：讓重要幹部一起成長上來！

　　執行長的權責是什麼？是會執行，會開拓業務，還是有

強烈的願景、使命？這樣的疑問，鮮乳坊創辦人龔建嘉與團隊曾有一段刻骨的經歷。

「作為一個執行長，外人看起來強悍，其實常對自己能力沒信心。」2015年，擔任牧場獸醫多年的龔建嘉，看到酪農產業的困境，他與另外二位創辦人林曉灣、郭哲佑，決定以「讓每一瓶鮮乳都能被公平地賣出」為初衷，創立鮮乳坊，以行動來改變不合理的環境。

擁有獸醫背景的龔建嘉負責策略整合，對消費者敏感的郭哲佑，主導業務與對外合作，對人敏感度高的林曉灣，主掌內部財務與人資事宜，另外一位合夥人賴冠延則負責營運與儲運。

「我們四個人單獨能力沒有很強，但四個人一起合力，就創造出了新價值。」林曉灣評論，四個人的力量之所以能夠連結，在於彼此的價值觀相近，希望可以打造一個新的世代品牌記憶。

一直以來，鮮乳坊團隊多以自己的直覺經驗來進行公司決策，但隨著公司業務展開，一次機緣下，認識了具有產業經驗的資深人士，幾次聊天之後，團隊覺得似乎可以試試看，透過不同人的經驗，也許可以給一向草根發展的團隊帶來新氣象，於是決定聘用該名人士出任執行長一職。

「我們不是想聘用執行長而找人選，所以也不知道該如何評估。」龔建嘉坦言，該名人士是個很好的人，經驗也夠，但不同於原本四個創業團隊有共同的價值觀與文化支持，漸漸發現，雖然大家都有共識要推動公司成長，但新任

執行長有自己一套基於過去經驗的做事邏輯與作業方法，往往會造成適應的問題。

郭哲佑就舉例，過去團隊的四個人，很習慣利用每週四的晚上開經營會議，但執行長不喜歡晚上開會，後來團隊也調整了做法，但從這樣一件小事就可以看到彼此的差異，更別說是在一些重要決策上，到底是執行長說了算，還是創辦團隊的理念比較重要？

林曉灣也觀察到，創業團隊多半會考慮永續經營，但很多時候專業經理人看重一定時間內的績效，個人定位與期許也與團隊不同，在彼此都覺得怪，卻又說不清楚的情況下，以致於信任感逐漸被消磨，也造成內部員工在做事時，往往會從關係立場考量，降低了決策判斷的專業性。最後，團隊痛定思痛，決定請走該名執行長。

「創業者面對各種經營難題，常常會有無助的感覺，很想找浮木、救生圈，但他人的善意需要被消化，」回顧這段歷程，龔建嘉說，該名人士是個很好的人，但每個執行長一定有自己的意志，他們低估了執行長一職對於公司走向的影響力，他反省，當一個新創企業還沒有創造可讓專業經理人發揮的場域空間，就不要貿然行動。他也學習到，正因為面對的是新的商業環境與市場問題，新創團隊有時不需要看輕自己的能力，可以聽別人的意見，但不是當作依據，而是考量建議背後的假設與情境，對照公司的情況，相信可以用自己的方法經營公司。

這段歷程雖然傷感，卻不全然是壞事。經過這個歷程，

鮮乳坊重新與公司基層員工談話，積極建立願景、共識，同時也推動公司內學習地圖的制度，讓日後決策可以有更清楚的程序與判斷準則，才能建立可長久走下去的團隊，就像打遊戲一樣，「組隊、打怪、練功，一起升級！」龔建嘉說，他們的目標就是讓重要幹部一起上來！

具進化思維創辦人與核心團隊的特質

相較於前一個世代，新一代的創業家面對的是資訊快速流通，且社群互動頻繁的世界，企業經營的關鍵，除了人才、資金與技術外，更重要的是創意與知識力，且能把知識有效率地、系統化地轉變成經濟價值，若創業者要能把握別人看不見或無法善用的機會，團隊絕對需要保持具進化思維，我們觀察到，具進化思維的核心團隊，通常具備下列幾項特質。

一、預期及擁抱改變

面對數位科技的發展及消費者需求快速的改變，新創企業面對的是一個動盪（Volatility）、不確定（Uncertainty）、複雜（Complexity）及模糊（Ambiguity）的經營環境，新創企業的創辦人與核心團隊的思維，必須認為「唯一不變的就是改變」，他們必須要預期未來可能的改變，可能是生態系領導者改變遊戲規則，可能是出現新的競爭者，可能是一個新的市場

機會來臨，也可能是出現新的技術。

因此，對外部的環境，團隊必須要永遠保持將視野變大（Zoom Out）的全盤觀察力，隨時審視並分析外部環境的變化，預期新創企業在不同發展階段管理重點的改變，或是對公司的影響，以及如何採取因應的行動。

他們也同時要能聆聽市場及客戶的回饋，根據在存活階段及贏取客戶與市場階段，勇於做出商業模式的必要改變。最重要的是，作為新創企業的執行長及核心團隊成員，必須充分了解，在不同發展階段時，個人扮演的角色會有重大的調整，並且願意持續透過學習及反學習以適應新角色。例如從一個具備技術力的工程師變成一個能掌握客戶需求的業務員。

就如同前奇異公司（General Electric, GE）執行長威爾許（Jack Welch）最常掛在嘴上的說法：「要麼解決問題，不然就裁撤或出售。」（Fix it, close it or sell it.）當團隊可以預期變化、正視問題，並能正向採取行動，企業就能躍升到下一個成長階段。

二、以願景及使命驅動公司

願景及使命對於新創企業在初期，對於吸引員工的加入，以及天使投資人的支持相當重要。願景及使命，讓公司可以在初期缺乏資源及人才的情況下，更聚焦於正確的方向。有了清楚的願景及使命，員工才知道為什麼工作。

新創企業在早期通常會遇到很多的挫折及失敗，願景及使

命常是能夠讓大家願意在一起努力工作的關鍵因素。

隨著新創企業不斷地成長，持續吸引對的人才非常重要，特別是年輕世代的工作者在選擇工作時更關注公司的願景及使命。清楚的願景及使命也是吸引外部資金及策略夥伴的關鍵，不但對內減少不必要的溝通成本，對外也可以提高交易的機會及效率。願景也需要配合公司的發展持續進化。具進化思維的核心團隊充分了解如何透過清楚的願景及使命有效執行公司的策略、達成設定的目標。

綠藤生機就是一個例子。他們成立的願景，就在於研發並推廣對消費者與環境共好的產品，透過創新產品和綠色行動，創造更多永續可能，「當理念和商業共存，將有機會帶來更大的影響力。」離開外人覺得前途大好的金融業，投入創辦B型社會企業，創辦人鄭涵睿強調，他們相信，追求對環境好，也可以是一件快樂的事。他說，回頭去看創業歷程，支撐綠藤第一個十年的，是一種根基於信念的選擇。這種選擇，往往不在計畫之中，也不是一般人所喜歡的答案，然而，它確實是激發綠藤行動與學習最根本的動力。

三、以真誠領導，贏得信任

信任是產生影響力的關鍵，信任是建立在開放及透明的溝通環境，它是長期共同努力經營的結果。建立並贏取利害關係人（Stakeholder）——包括員工、客戶、董事會、合作的夥伴——的信任對新創企業的成長相當重要。

　　核心團隊必須以開放、坦誠及直接的溝通，贏得員工的信任，無論是公司發展的方向、公司營運的現況以及與員工有關的政策。員工的信任除了能減少不必要的溝通成本外，更容易讓公司整體聚焦於共同的方向並提升公司營運的結果。

　　執行長及核心團隊贏得董事會的信任，就能得到董事充分的支持，反映核心團隊與主要股東間對公司的成長策略有共識，同時讓核心團隊對公司營運的優先順序有清楚的方向。客戶及合作夥伴的信任來自於持續、開放透明的溝通，包括明確溝通新創企業所提供的價值主張。贏取客戶的信任就能長期持續創造收入，客戶也會願意推薦其他潛在的客戶，贏取合作夥伴的信任就能建立長期的合作關係並創造長期的價值。具進化思維的核心團隊，會以真誠的方式，透過開放透明的溝通，並以實際行動贏得利害關係人的信任。

　　例如綠藤生機，在創業早期就導入 Slack 的協作平台，不只將所有討論頻道都公開給所有員工參與，甚至連營收數字都是開放的。鄭涵睿說：「我們只想和我們願意相信的同事共事！」

　　不只是對內需要真誠溝通，對外更是如此。亞洲設計購物平台 Pinkoi 創辦人暨執行長顏君庭，跟我分享了一個小故事。2015 年時，某次因應市集活動需求，招募具有外語能力的工讀生，卻因為文字傳達上不夠精準，在社群上引發了一場風波。顏君庭不諱言，此事的確對營收造成影響，於是他以創辦人的身分，在官方粉絲團發布了一篇文稿，清楚說明事情緣

由，鄭重向網友道歉。他說，這件事讓他們學習到，任何對外的溝通都需要更謹慎面對，雖然企業規模不大，仍需了解自己肩負的社會責任和能量，才能帶領企業往前走。

四、兼具學習與反學習能力

新創企業時時都處在快速變化及不確定的經營環境，因而在不同發展階段，也需要具備不同的能力，因此不論是創辦人或核心團隊，快速學習的能力非常重要，更重要的是，他們必須勇於面對自己的未知，且願意有紀律地充實自己，才能應對每天不同的挑戰。

Dcard的創辦人林裕欽，會利用每天早上六點起床到開始工作前這段期間的空檔，透過手機上的「得到」這類知識型App，用二倍速度聽各類有趣的課程。對於同仁們，只要他們有想購入的書籍、線上課程或實體講座，在內部溝通軟體上提出後，絕大多數都會幫助同仁實現學習的選擇。他除了自己研讀如「第二曲線」、「設計思考」等相關企管理論，也會在內部舉辦讀書會，帶領同事一起思考。

Pinkoi的顏君庭就提到，許多投資人都會問新創：「你們未來想要做什麼？」要能回答這些問題，必須對於全球產業情勢有一定掌握，才能打開想像力。因此，他每天一定看國外財經媒體「彭博」（Bloomberg）的新聞，也會去YouTube上找各類知名財經經理人的演說，以提升自己的溝通能力。此外，與棒球、籃球這類運動教練相關的題材，他也很有興趣，「這可

以幫我思考如何帶領團隊組織。」

　　創業是一個不斷面向明天的旅程，昨天可行的方式，今天可能會變成是浪費時間、精力和金錢的陷阱，變成成功路上的絆腳石，因此，新創企業必須擺脫慣性，甚至要放棄過去成功的經驗。近來許多人討論所謂的「反學習」概念，就是在提醒不要陷入學習的迷思，這裡談的不是不學習，而是要能有意識地去覺察自己的思維方式，改掉錯誤的認知，讓自己歸零去學習新事物，否則，企業就可能在原地踏步，無法持續成長。

五、面對挫折的快速復原能力

　　新創企業在發展的過程經常會遭遇很多失敗及挫折。可能是推出的新產品失敗，可能遭到外界不當的攻擊，可能遭到客戶嚴重的誤解，可能因為產品的失誤造成大額的求償損失，也可能是公司重要的員工決定離職、投資人在融資過程的最後階段決定取消，甚至是公司設定的目標嚴重落後。

　　這些經常發生的挫折及失敗，有些是公司的決策錯誤所致，有些可能是因為外部無法控制的因素所造成，對新創企業而言，很多挫折及失敗是常態。具進化思維的核心團隊會勇於面對失敗及挫折，深入檢討造成失敗的原因，並避免未來重覆發生這些錯誤。

　　他們學習從挫折中快速地復原，而不讓一時的挫折及失敗影響他們工作的熱忱。同時他們會採取開放透明的態度與員工溝通及分享，避免因為挫折或失敗，對公司造成重大的影響，

甚至於影響公司員工工作的情緒。

當年以開發App崛起的凱鈿，在2012到2014年期間，面臨App市場成長力道縮減的挑戰，甚至考慮刪減人力，但團隊並沒有逃避問題，也沒有糾結太久，就著手往B2B應用市場進行布局，而這樣的復原能力，的確也幫助他們奠下日後發展的重要基礎。

Appier執行長游直翰也說：「我們相信，當下做的決定，一定就是最好的決定。」決定也許會錯，就是檢討修正但不後悔，繼續往前看。

人對了，事就對了！從創辦人到核心團隊，當每個人對每一件事都能擁有責任感，能夠採取始於自我領導的覺醒與行動，就能進而領導他人與組織，幫助團隊壯大！

「具進化思維的創辦人與核心團隊」
關鍵要素自我評估重點

1. 創辦人與核心團隊依據公司發展階段形塑未來願景及使命。
2. 創辦人與核心團隊認同並積極推動公司使命及願景的達成。
3. 創辦人與核心團隊透過有紀律的學習，持續提升決策能力。

4. 創辦人與核心團隊展現高度團結合作的態度及行為。

5. 創辦人與核心團隊持續審視經營環境，動態調整目標及策略。

6. 創辦人與核心團隊設定挑戰的目標並透過行動努力達成。

7. 創辦人與核心團隊得到員工、董事會及合作夥伴的信任。

8. 創辦人與核心團隊能有效領導團隊，吸引及留住適合的人才。

9. 創辦人與核心團隊有勇氣做出困難且影響公司未來重要的決策。

10. 創辦人與核心團隊能持續面對挫折並展現高度的韌性。

第五章

形塑企業文化，
吸引對的人才

「當文化是堅固的，員工會為他人並互相合作；當文
化是脆弱的，員工會只為自己並與他人無法合作。」

——賽門・西奈克（Simon Sinek）

在經營 AAMA 台北搖籃計畫創業社群這段時間裡，除了參加工作坊、年會或是班級活動之外，我也喜歡到學員公司走走聊聊，不同於上課期間的個人交流，到公司參訪，更能貼近企業經營的現場。此外，參訪年輕一代創業者的公司空間，以及員工之間的互動，往往可以感受到獨特的企業文化。

記得一次我去訴求純淨的保養品牌綠藤生機參訪，他們的辦公室，位在台北市敦化南路的一棟普通辦公大樓內，但綠藤裡的空間感，有著不同的風貌。入口的馴鹿苔牆，來自北歐斯堪地那維亞半島（Scandinavian Peninsula）的永續森林，可以輕微調節濕度，更重要的是，它能100%生物分解。

主要辦公的區域，為了符合跨部門討論、吃飯、午休、辦公的需求，沒有刻板印象中的制式格子狀或排排狀的座位規劃，也不是灰灰藍藍的色彩，而是利用木質材料搭配綠色色調，加上通透玻璃牆面，設計成彈性空間，甚至，還供應午睡時的毛毯。另外，優先採用永續材質作為辦公室物件的選擇，如來自石門水庫淤泥的「樂土」材質、可自然分解的地毯，另外還採用源自美國的 WELL 健康建築標準™，數據化的燈具配置除了顧及員工舒適，還考量能源的耗費；二氧化碳濃度偵測，隨時監控空氣品質，以達到最舒服的工作狀態。

在使用率頻繁的茶水間裡，除了免費蔬果、健康零食，還有許多玻璃餐盒，供同事外帶食物時使用，減少產生垃圾。不僅如此，綠藤每天會幫垃圾秤重，符合 Cosmos 垃圾追蹤機制，以控制辦公室產生的垃圾量。我第一個直覺就是：品牌精

神對了！

　　這讓我想到像是Google、蘋果（Apple）、Meta這些科技巨頭或新創的總部，都積極打造各具特色的辦公室環境，目的不是要彰顯財富，而是透過空間形塑企業文化精神，凝聚內部的「隱性力量」。例如，開放式的空間，就象徵著數位新創企業強調的「透明」、「公開」、「友善」，甚至「主管與員工平權」等價值，讓員工能夠密集互動，更方便協同創新。綠藤的設計，則反映了他們訴求為人們、為環境多想一點的永續理念。

　　更令我感到新奇的是，我來訪之時，是一個尋常上班日的上午九點前，綠藤的同仁們紛紛進入辦公室，但他們不是馬上在自己的座位就定位，反而三三兩兩地聚集在一起聊天，氣氛極為輕鬆愉快，我好奇地詢問接待我的共同創辦人廖怡雯，她說，今天是他們的「感謝星期五」，在這一天，會請每位同事寫小卡片感謝最近幫助過你的人。不只是星期五，他們每天早上都會安排十五分鐘左右的文化活動，藉此凝聚共識與感情。「我們希望在這個空間裡，落實著綠藤相信的！」

　　讓一群不同背景的人，追求共同的目標工作，落實自己相信的事、企業品牌相信的事，這就是一種企業文化的展現。「如果沒有夢想跟信仰，我們稱不上是創業家，就只是一個生意人。」Vpon創辦人暨執行長吳詣泓跟我這樣說。

　　企業文化對新創企業而言，是一項非常重要的資產，它是一家新創企業成立的根本，也是一家新創企業的血液與靈魂，

因為它會形塑員工的行為，也會決定哪些人才會被吸引而來。

管理大師彼得‧杜拉克說「企業文化把策略當早餐吃」，這句話真正的意涵在於，企業文化往往是決定公司成敗的關鍵，無論公司採取的策略多有效。

企業文化的定義及重要性

企業文化到底是什麼？對新創企業而言，發展企業文化重要嗎？企業文化是一成不變，或是隨著公司發展會演化出不同的樣貌？如何才能落實企業文化？這是很多新創企業經常會問到的問題。

Airbnb創辦人切斯基（Brian Chesky）將文化定義為「一種共同做事的方法」。綠藤生機共同創辦人鄭涵睿則說，在綠藤，他們認為「文化是一群人一年三百六十五天的事」。企業文化就是當你不在時，公司如何做出各式各樣的決定，就是員工每天用來解決問題的那套無形概念，以及他們私下的行為。

因此，企業文化並非如許多人認為的抽象空虛，它是企業的行為準則、決策判斷的指引，以及團隊合作方法的體現。我要強調的是，不是好的空間或是吃不完的零食就稱之為企業文化，例如有些新創企業，允許員工可以帶寵物上班，或是在公司推廣運動，這代表公司鼓勵員工追求想要的生活方式，但這屬於公司的福利，並不是企業文化。文化通常不是單一決策形成的，而是長期、一連串的行動展現出來的行為規範。企業文

化一旦形成，就成為如影隨形的行為準則。

　　企業文化最重要的意義在於，可以協助新創企業維護核心價值，塑造良好的工作環境並提升公司營運的表現。

　　Netflix 創辦人及執行長海斯汀（Reed Hastings）說：「公司文化要是太薄弱，一切就會含混不清；大家的行為不同，彼此之間不了解，一切就變得政治化。」在一個薄弱企業文化的公司，常常造成內部溝通不良、形成錯誤的決策，也會讓公司在做決策時，因為缺乏準則而造成員工無所適從。

　　企業文化必須與公司策略相結合，不同的策略會形成不同的企業文化。

　　沒有一個企業文化是適用於所有公司，文化與策略必須要相輔相成。亞馬遜（Amazon）的長期策略聚焦於更低價的商業模式，所以亞馬遜的企業文化特別注重節儉的做法；蘋果以打造全世界最獨特設計完美的產品作為策略，節儉反而成為公司發展的絆腳石。堅固的企業文化並不能確保公司一定會成功，但是一個薄弱企業文化的公司長期可能無法永續生存、邁向成功。

　　一個堅固的企業文化有助於提升企業的執行力，吸引優秀的人才加入，並能夠將公司凝聚在一起，不管是好的時候或困難的時候；但是一個薄弱的企業文化會影響公司吸引人才的能力，甚至於影響新創企業的生存。通常薄弱的企業文化會有一些特徵，包括以自我利益為主的文化，不同的員工適用不同的行為準則，沒有人敢挑戰領導者。

　　Google深深體會到這一點，因此早在2006年就設立了文化長一職。文化長最主要的任務就是調動Google內部的文化積極性，鼓勵員工和管理層同時參與到正面文化的建設中。首任也是現任的文化長蘇利文（Stacy Savides Sullivan）在1999年就加入，是Google早期員工。她在2021年9月於一場線上媒體活動分享，2004年Google在股票上市說明書就揭示：Google在營運管理上強調「創造和挑戰」的氛圍，工作核心和首要目標是「服務最終用戶」，公司的責任在於讓用戶自由觸及公正、準確的訊息。這些價值在今天仍然是Google文化的核心。

　　在具體的做法上，Google鼓勵員工自主舉辦形式多樣的「文化俱樂部」（Culture Clubs），而且組織全球辦公室成立「員工資源小組」（Employee Resource Groups），為具有不同身分和需求的Google員工相互幫助提供空間。

企業文化的形成與演化

　　企業文化通常不是由單一事件造成，而是長時間依據一群人互動而逐漸形成的。在我們的訪談中，許多新創在早期階段，創辦人及核心團隊在界定一開始的文化或所謂的做事風格上，扮演關鍵的角色。企業文化通常意味著創辦團隊認為什麼是最重要的事，創辦人與團隊必須協助公司裡每位同仁去實踐能夠反映這些重要價值的行為。

隨著業務日漸複雜與組織的擴大，企業文化越來越重要，但也越來越難維持。企業開始需要認真去定義什麼是自己的文化。新創企業會從一開始創辦團隊主導的文化，逐步從以產品為主要思考的文化，再到兼顧產品及銷售的文化，最後演化超越個人，真正形成為全公司的文化。

Netflix 在 2001 年時，受到網路泡沫的影響，面臨資金來源中斷的問題，不得不進行裁員，整頓之後，創辦人海斯汀與人力資源主管麥寇得（Patty McCord）發表了一份「Netflix 文化手冊」（Netflix Culture: Freedom & Responsibility）。其核心是，能夠負起責任，懂得自我成長和學習的人，才值得獲得自由。在該報告中強調，Netflix 的規則就是沒有規則，完全依靠頂尖員工公開互相批評、建議，推動公司前進。雖然許多人評論該企業文化有些冷血，但不可否認，這樣的企業文化，的確讓 Netflix 得以掌握高速成長的動能。

企業文化的形成，一種是刻意、主動地定義及建立；另外一種是讓企業文化隨著公司的發展自然有機地演化。有人認為最好是介於二種做法之間，既不是期待文化會有機演化出來，也不是一開始就試著要訂定一套完整、明確的文化。

透過有機的方式可能發展出薄弱或不符合公司需求的文化，另一種做法則可能太僵硬而沒有彈性。我個人比較傾向採取主動、刻意的做法形成企業文化，特別是在新創企業的早期階段，這樣的方式可以讓創辦團隊刻意定義什麼對早期團隊是重要的，同時允許早期團隊找到文化契合的員工並強化公司文

化，也協助新進員工更容易融入公司，並有助於後續公司規模化的成長。

Stripe創辦人柯里森（Patrick Collison）就認為，最初聘雇的二十名員工，常常就定義了一家公司最後成為什麼樣的企業。因此新創企業應該重視初期聘用的員工。

依我們的觀察，當公司在將近或超過一百人的時候，通常因為新進的員工較多且比較難進行直接溝通，因此會造成企業文化逐漸弱化，這個時候，就可以考慮透過一個全員參與的計畫來重新定義企業文化。

最後，可以考慮將大家覺得運作良好的文化準則予以保留，並考慮增加或修改可能不符合公司未來策略及現況的準則。利用全員參與的方式不但讓員工有認同感，也會大幅提高落實企業文化的助力。

Pinkoi：與團隊一起定義文化的精神

走過十年創業路的設計購物平台Pinkoi，回顧一切，創辦人顏君庭說，每一步，都走得好辛苦，但值得。對他而言，最大的挑戰在於，自己是工程師出身，家族也沒有人做過生意，要讓自己從工程師的思維，轉變為商業的思考，就是努力地去學。不僅是自己努力學習，他也很感謝員工願意一起探索，「因為我們對市場有太多的不知道！」

　　「新創公司資金不多，初期給出的工作條件可能不會太優渥，所以員工也需要有很大的熱情才走得下去。」顏君庭說，他一直相信，設計是普世價值，但使用者在變化，市場也在動，使命一定會與時俱進，從一開始被認為是針對文青群眾的利基市場，到現在已演變為協助品牌發展，以SaaS型平台模式推動商業化、規模化到國際化的相對應策略。

　　面對一路走來的轉變，顏君庭說，不同階段需要不同能力的人才，必須先知道缺乏什麼，才能補強。創業初期，因為資源有限，團隊每個人都是一人擔起產品經理（Product Manager）的多工模式，然後漸漸開始專業分工，也帶出績效評估的要求。此外，創業的時候，會常常聽到來自各方的意見，容易因此動搖，到底下判斷的校準原則是什麼？這開始讓管理團隊去思考，需要將文化的面向加入，而真正觸發Pinkoi認真投入企業文化的營造，是2016年時，決定跨足日本市場。

　　「我們問自己，如果在未來的十年內要持續成長，成為亞洲的領導公司，我們需要哪些行為準則？」顏君庭回憶，當時公司約莫五十人規模，人數看起來不是太多，但台日二地的差異，如何在總部思維與在地需求之間找到平衡，他們必須取得共識，在業務的執行上，方向才能一致，因此決定開始推動企業文化工作。

　　人資長簡憶汶談起他們推動的歷程。2016年先是宣布了文化訓練的計畫，2017年，Pinkoi舉辦了至少五場「與創辦人午茶」活動（Tea Time with Founders），讓員工直接

跟產品長、技術長等核心主管，邊吃下午茶、邊提問。每個月進行的公司大會，開會前先開表單，讓員工列出所有提問。此外，還設立了借用古代偵察兵「斥候」的概念，每週不同地區的客戶經理們，會以視訊會議，一人做十五分鐘的分享，介紹自己所在地的特色。

2018年是最關鍵的一年。Pinkoi採取「開放投票」（Open Voting）的機制，讓所有員工自己提出關於精神標語、工作定義、行為準則的想法。最讓簡憶汶感動的是，超過九成的員工都回填了表單，最讓她印象深刻的是，執行長提出的建議，全部被推翻！「這讓我們看到，年輕世代的工作者，希望對於公司營運更有參與感，更期待能產生影響力！」

在全公司動員起來的狀態下，最後Pinkoi產出了四大準則：敢冒險失敗、今天要比昨天好、建立夥伴關係，以及發揮超出角色的影響力（Impact Beyond Your Role）。「有了這些準則，就可以幫助我們定錨，」顏君庭指出。

定義完工作準則，進一步要釐清：什麼是好的？如何評估績效表現？因此在2019年，展開了文化2.0工作，開始導入OKR機制，讓每個員工可以設定自己的目標。「執行長往往是公司的天花板，」顏君庭說，如果只有創辦人有想法，很多事情會不容易執行得很好，一個團隊能共同討論、共同經歷一些事，前進的力量才會大。

　　隨著新創企業的發展，我們開始會發現不同的部門會有所謂「次文化」的產生。通常不同部門的員工，出身的背景不同，而且需要具備不一樣的技能組合，因而產生不同的文化特質。

　　我們觀察到，通常以技術導向的新創企業，工程師的背景，會讓企業追求精確的答案，產品開發追求完美；若是以銷售為主的部門，通常會試著了解問題背後客戶想要得到的解答與需求，對產品的要求，反而會傾向先求有、再求好的態度。

　　同樣地，當新創企業在不同國家拓展業務，也會面臨該國員工形成所謂的次文化，這也是屬於正常的現象，只要文化的核心元素一致，這些次文化是可以接受的。我們也可以透過文化地圖的工具，分析、了解不同部門或國家在文化元素上的差異，透過互相了解、尊重及調整，進而形成共識。

　　鮮乳坊共同創辦人林曉灣觀察，每個進到企業的員工，不論是金錢、成就感、名聲等，一定有自己想要獲得的東西，因為價值觀沒有對錯，找到對於在乎的事或價值觀相近的人，頻率相近，就能降低溝通與管理的成本。對鮮乳坊而言，共好與互助，是相當重要的信念。也因為企業文化的考量，鮮乳坊目前七十多位員工，絕大多數都是員工介紹而來。「我們相信，公司的形狀、樣態，是可以大家一起捏出來的！」

　　這些次文化無可厚非，但我們要了解，若要公司能往同一個方向前進，就必須找到共通的核心文化元素的共識，堅實的企業文化來自於有意識地養成，而不是任其自行生長。

企業文化的落實

　　企業文化不是建立後就可以放任不管，企業文化也不是掛在牆壁上的標語。企業文化不只是信念，而是如何透過行動去落實。如果你看到某些不符合文化的事情卻選擇忽略，那麼你已經創造了新文化。完美的企業文化有如天方夜譚，因此打造完美的企業文化往往是遙不可及的，最重要的是打造一個最適合並且可以落實的企業文化。

一、設計適合的文化

　　企業文化是一群人長期互動而形成的行為準則，因此這群人的人格特質會影響企業文化的設計，要確保企業文化與團隊的人格特質及公司策略方向一致。沒有任何一套文化可以適用於所有公司。企業文化應該展現出團隊的個性、信念與策略，也必須隨著公司成長與環境變化而演化。設計公司的文化時，可以從其他文化獲取靈感，但是不要完全抄襲其他組織的做法。

　　Dcard的產品經理林懷宇跟我分享，由於Dcard主要面向年輕社群，很多員工的第一份工作就是Dcard，但在2017年之前，在資源不足的情況下，包括管理團隊或員工，多是靠個人能力來支持工作的推進，沒有使命願景，也缺乏具體的管理方法。

　　此外，團隊也發現，因為沒有其他公司的經驗，在缺少準

則的指引下，同事們也不清楚公司的表現到底是好、還是不好。後來才漸漸感受到必須形成組織的力量，才有辦法因應市場的變動，直到2020年，連續舉辦了十多場、每場超過二十人的工作坊，和大家交換對於公司發展的想像、行為準則的定義等，擬出了「以終為始，要事第一」、「開放心態」、「持續突破」、「快速行動」、「勇於承擔」的核心價值。

二、創辦人與核心團隊以身作則

企業文化往往會反映領導人的價值觀，如果想要改變文化就先要改變自己。企業文化只有在領導人積極參與並大力支持的情況下，才會發生作用。如果無法確定領導團隊能夠落實的話，就不要列入企業文化的清單。

企業領導人的以身作則來自於他的日常行為及決策方式。有些領導人不自覺地做出可能違反企業文化的行為，作為領導團隊的成員必須體會自我覺察的重要性，必要的時候也可以透過同事或外部的教練適時地提醒。創辦人與核心團隊以身作則，是企業文化落實最關鍵的一步。

三、善用文化關鍵時刻

單純地張貼或公布企業文化的內容並無法讓它真正實現。企業文化通常會經歷建立、強化、改變或破壞。企業文化關鍵時刻是一項行動、決策或信號，可以用來建立、強化或破壞企業文化。有些時候這是刻意設計的，有的時候就是單純不經意

地發生。領導團隊必須善用這些文化關鍵時刻以協助強化或改變企業文化。

　　這些文化關鍵時刻可能包括聘用、晉升或解雇員工、宣布壞消息、對好消息的肯定或是面對沒有明確答案的衝突或議題。邀請員工參與新人聘用過程決定是否合乎公司文化；公司是否要告訴潛在投資者，公司有一個重要的客戶可能會取消訂單；公司團隊如何面對決策錯誤或重大的失敗，這些都是影響企業文化的關鍵時刻。有效地處理這些文化關鍵時刻的議題，就可以協助公司落實或強化企業文化。

　　iCHEF 每週三中午都有一個全員參加的 Pizza Meeting，在這個會議當中，管理團隊會分享在很多其他公司會被認為是敏感的資訊，例如客戶數量、營業數據、銷售利潤等，盡可能讓每位同事知道自己的貢獻產出了哪些價值、公司怎麼看待這些數據、預計接下來會怎麼做等。若在工作當中有任何對公司的疑問，還可以隨時拉個與執行長一對一的會議，鼓勵有問題就提出來討論的態度，願意傾聽每個人的想法，並在做得不好的地方持續改善。

四、適時有效地溝通、傳達文化

　　在新創企業的早期階段，因為組織規模不大，各項決策都可以透明公開、直接溝通，有任何企業文化的問題也都可以一起討論，這時候形成的價值觀及行為準則通常也容易了解。

　　隨著公司的規模逐漸擴大，加上從外面聘用的員工大幅增

加，而領導團隊不可能有機會與每一位員工直接溝通，除了新進員工的文化訓練外，其中一個有效的工具就是準備公司的文化手冊，清楚傳達重視的價值及行為準則，並透過公司不同員工的現身說法或故事，來具體描述或分享企業文化的行為。

凱鈿行動科技創辦人暨執行長蘇柏州就比較，2018年時，公司大約八十人規模，他自己在管理上還能有一定程度的掌握，但現在公司規模成長到三百人，「不要說管理，很多同事我甚至不認識。」他直言，雖然有辦活動，但回饋不夠多，後來公司開始每季舉辦名為「All Hands」的活動，溝通工作成果與方向。

有效利用不同的溝通管道擴大文化的傳達非常重要，Airbnb創辦人切斯基每週一次給全體員工電子郵件就很有力量，他說，「文化就是一次又一次地重申對你公司真正重要的事情。」公司都需要學習如何善用文化關鍵時刻，有效溝通、傳達企業文化。

iKala：唯自由與責任，能帶著公司向前

2011年，程世嘉創辦了iKala，一開始從線上KTV起家，歷經幾次轉型，現今是擁有近二百位員工的AI雲端服務公司。在創辦公司之前，程世嘉曾經在Google工作過一段時間，他說，如果說在Google有學到什麼事幫助他創

業，答案就是企業文化。程世嘉指出，現在產業的環境變得這麼快，創業家今年、明年或者五年後，做的事情跟現在絕對是差異非常非常大，當變動變成常態的時候，他問自己：「那什麼東西是不變的？我的答案就是文化這二個字。」

文化就牽扯到人，人組合在一起就形成了公司的文化，「找對人上車，再把車開到對的地方去，我一直在堅持這件事情。」相較於工業時代的員工是可替換的，但在資訊時代，每個人的來去都會讓整家公司從此不一樣，不好的員工會為公司帶來惡性循環，並讓企業文化變質。不過，程世嘉說，他非常討厭管人，也討厭SOP，在他理想化的團隊運作上，他不喜歡「管理」這兩個字，他認為只有管不好自己的人才需要被管，因此在iKala前面幾年的營運期間，其實目標是沒有設定得很清楚的！

作為一個企業管理者，必須有效率地維持公司運作，特別是iKala已經進入成長階段，從新創公司變成一家必須受到客戶信賴的企業，對程世嘉而言，「自由與責任」（Freedom & Responsibility）就成為企業極為重要的核心價值，因為在快速變動的環境中，唯有具備彈性的員工才能與時俱進、引領創新，固守舊有事業而不願改變，只會限制企業的創新發展，甚至消弭既有優勢。他說，雖然很多人覺得這二者內涵有些衝突，但他相信二者可以並存。因此，導入OKR機制，就成了形塑企業文化的一個重要手段。

程世嘉分享導入的原因在於，在公司目前的規模下，許多人已經不太清楚彼此在做些什麼，有的時候甚至不認識彼

此，一旦公司成長到一百人以上時，問題會變得更嚴重！如果沒有OKR，公司內花大部分的時間在交換資訊，只為了知道彼此在做些什麼，這完全是在浪費生產力。

此外，許多企業管理階層大談願景和永續經營理念，可是在實務上，越是距離遙遠的第一線工作人員就越無法體會，因為第一線人員通常著眼的是比較短期的決策和解決方案，這符合組織設計和分工的原則。「每個人坐上不同的位置，自然就會看到不一樣的風景，」程世嘉談到，推行OKR的目的，就在於讓內部取得共識，有一致的標準、一致的格式，等到每個人都養成習慣之後，就能自己上路了，自己會去承擔該承擔的自由和責任。

程世嘉曾在一場演講中分享他們的經驗：在每年的十一月中左右，管理團隊就會開始討論未來一年的公司目標，列出三到五件最核心的項目，可能是數位轉型、拓展市場，甚至是改變商業模式，再依照目標，寫出三到五個關鍵結果。完成公司最上層的OKR後，再讓員工去拆解為部門和個人的OKR。經過反覆溝通、修正，整間公司的OKR才會完全底定。在撰寫時，有幾個原則：在精不在多、層層推進、能延伸目標。

此外，iKala還針對OKR建立了公司自有的分數評估區間：0至0.3分是很不好，代表這件事情對公司帶來的效益有限，甚至會帶來傷害；0.4至0.7分則是專案雖然有在追蹤範圍內，但沒有真正完成；0.7至1分則表示任務不但完成，還為公司帶來了實際效益。

程世嘉回憶，當時要實行這些制度時，執行團隊真是惶惶不安，深怕這些制度被濫用，深怕我們無法預測人性的醜惡面，自然有人跳出來反對，認為這些制度只會讓公司混亂。結果證明，雖然一開始需要主管們從旁協助，一旦上路之後，員工已經非常習慣這些作為，甚至覺得任何公司本來就應該這樣運作。

「我始終相信人才影響文化，也影響公司如何決策和創新。找到好的人才、塑造對的文化，創新就會自然浮現。」程世嘉期許，iKala能變成社會上穩定的就業基礎和一股社會力量，「我也相信，抱持長期思維的組織和企業會受到未來世界的認同。」

企業文化與人才發展

由於企業文化是一群人長期展現的行動所形成的行為準則，新創企業在設計及落實企業文化時必須思考如何利用企業文化找到適合的人，同時又能有效利用人才的發展強化企業文化。

Google前執行長施密特說：「你雇用的人造就了你的企業文化。」要了解企業文化最有效的方式不是讓管理階層告訴你，而是要觀察新進員工的行為。如何將企業文化與人才發展有效結合，將是任何企業或組織必須面對的關鍵議題。

　　「重用哪些人，開除哪些人，還有升職的速度，都反映了創辦人或執行長的價值選擇。」iKala創辦人暨執行長程世嘉也持類似觀點。

　　當人才密度與企業文化高度結合的時候，就會對公司的發展帶來正面影響。我們可以從人才發展的幾個面向來強化企業文化。

一、人才聘用

　　在定義企業文化時，思考公司要找什麼樣的的員工，我們希望員工具備什麼特質，將聘雇標準列為設計文化重要的一環，因為你聘雇的員工將會決定你的企業文化。新進員工的行為對文化的影響力很大，特別是新創企業快速成長、大量聘用員工的時候，新人也可能帶來可以讓企業文化變得更好的元素。

　　一種有效的方式是在選用員工時不只考量他的專業技能，更重要的是了解他是否符合文化上的特質。聘用經理或其他參與面試的主管，必須要學習如何透過面談來確定此人在企業文化上是否契合。

　　線上教學平台Hahow營運長周昱存告訴我，他在面試新進員工時，一定會問一個問題：「你做過最瘋狂的事是什麼？」原因在於，作為新創企業，變動性高，透過應徵者的回答，可以藉此判斷此人是否打破框架思考，有無願意嘗試創新的可能性。

二、人才培訓

一般人對企業文化的印象很難扭轉，將公司的新人入職訓練視為新人文化訓練是一種非常有效的做法。文化訓練讓公司能夠清楚說明公司的文化及行為準則：哪些行為在公司是被接受的，哪些行為在公司是被禁止的，公司如何落實企業文化。

剛入職的文化訓練會提升新進員工對文化的接受程度，同時也會對文化的認知形成持久的影響。不管新人是一般員工或主管，都必須接受完整的文化訓練。

不過，Hahow品牌副總監林克玢根據自己的經驗提醒，許多公司都有做到入職的訓練，但卻容易忽略持續對焦的重要性。她觀察，不少企業雖然有將企業文化轉為文字描述，但如果沒有搭配各類活動的溝通，很容易落入個人解讀的情況，碰上業務快速成長的時候，節奏就會有些凌亂。

三、人才投入度

協助員工找到他有熱情並與公司願景及使命相結合的工作，同時對其工作賦予意義，對員工的發展非常重要。員工通常會在意他所做的事情是否重要？是否對公司有幫助？公司是否會注意到我所做的事？當員工在意他工作的成果，在意要符合行為準則，在意是否對達成公司使命有貢獻，當每一次員工在意協助公司往前邁進，企業文化就會不斷強化。

「創業最大的痛苦之一，就是把寶貴的時間，給予錯誤的

人。」綠藤生機的鄭涵睿分享他的心路歷程,他說,強摘的果子不甜,當一個人真正喜愛某些事物時,就會盡全力表現出來。

四、人才績效管理

公司決定要對哪些人加薪或升遷時,除了考量當事人的能力及績效外,需要同時評估對企業文化、核心價值的符合度。當公司將企業文化、核心價值符合度列入員工績效考核的評估,對強化企業文化會有正面的效果。

在與員工溝通績效時,要特別強調在企業文化面的觀察與表現,一方面可以肯定其表現良好的部分,同時也可以提醒能持續改善的地方。利用績效評估及溝通回饋可以強化企業文化。

我觀察,近來許多新創企業積極導入看重目標與關鍵結果的OKR制度,取代傳統上強調由上至下、階層制、獎懲制的關鍵績效指標管理制度,重點在管理團隊設定公司目標後,讓員工經由共同討論,設定部門及個人目標,並讓員工自己決定該如何達成。

企業文化與僱主品牌

在疫情後時代,因為高齡化及少子化出現了「大缺工潮」,加上全球在各地招募遠端工作人才,無論是成熟企業或

新創企業都面臨很大的徵才挑戰。在一個人才高度競爭的時代，新創企業如何在人才市場找到優秀又符合公司文化的好人才，將會是更大的挑戰。

　　過去薪酬及福利為徵才的主要關鍵也逐漸被打破，新世代年輕人更在意公司的願景、使命以及企業文化是否符合自身的職涯發展與想像，同時在求職時，更在意的是思考自我價值的實踐，對於與公司的關係，也不同於傳統以「聘用關係」來思考，更重視是否能形成「合作關係」或是「夥伴關係」。

　　因此，對於聘用較多年輕世代的新創企業，如何在目標人才市場結合其企業文化的特色，年輕世代工作者的需求，創造差異化的「雇主品牌」吸引對的人才加入，就突顯其重要性，特別是新創企業在邁向加速成長期，需要大量聘雇外面員工的時候，就更應重視雇主品牌的建立與管理。

一、雇主品牌的重要性

　　過去我們在談品牌時，企業很習慣談到企業品牌及產品品牌，企業品牌較關注的是投資者及有影響力的人；產品品牌關注的是客戶、用戶及合作夥伴。近年來因為人才市場高度競爭，大家便開始重視雇主品牌，關注的是員工及潛在的求職者。企業、產品及雇主品牌其實是相互影響，都是基於企業的願景、使命所建立的。重要的是三個品牌必須合而為一，而不能有衝突。過去大家比較關注企業及產品品牌，事實上，員工對雇主品牌的認知會影響企業及產品品牌。

圖5-1：企業、產品及雇主品牌

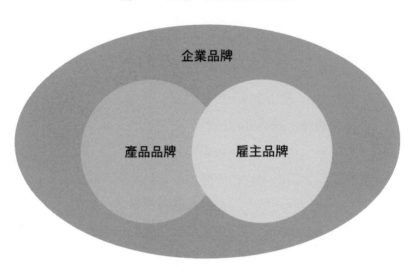

雇主品牌是公司在人才市場上的定位，好的雇主品牌代表公司在人才市場上享有高知名度、高讚譽度及高忠誠度，它影響公司在人才市場上的競爭優勢。波士頓顧問公司提出的雇主品牌，強調需要從內部及外部觀點同時考量品牌體驗及溝通，因此雇主品牌包括工作內涵、內部溝通、外部溝通，以及與申請者接觸。雇主品牌的核心概念就是把人才當客戶來經營。

新創企業在跨越存活期而邁向成長期時，就需重視雇主品牌的經營，主要是因為好的雇主品牌可以為公司帶來下列好處：

1. **提高企業人才密度：** 透過雇主品牌吸引優秀的人才加入，高績效表現的員工在人才密度高的環境如魚得水，

更進一步提升整個團隊的績效。

2. **提升招募人才的效果**：好的雇主品牌可以吸引對的人才
主動加入，同時降低聘用不適合員工所帶來的風險，因
此整體的招募成本也會降低。

3. **增強員工參與度**：好的雇主品牌有清楚的價值主張，能
夠創造良好的工作環境讓員工可以在工作中得到自我滿
足與實踐，並有效驅動員工的內在動機，提高敬業度。

二、建立及經營雇主品牌

1. 提出員工價值主張

員工價值主張（Employee Value Proposition）是人才市場
及員工認為在公司服務可以得到的一組益處，它協助企業留住
優秀人才，也是企業在人才市場得以差異化的關鍵。它是一個
承諾，也與企業文化及價值體系有關。公司可以從企業文化、
薪資福利、職涯發展、工作環境等面向提出員工價值主張。

例如鮮乳坊，他們提出的價值主張就是致力推動酪農產業
的公平交易，並建立一個世代的好品牌回憶。綠藤生機則是相
信：商業能為世界創造更多永續行動。

當然，雇主品牌的內涵也必須與時俱進、符合需求。因
應2020年開始、延續二年的疫情，Google就提出了新的具體
做法，讓員工們可以適應新常態。其一，若員工需要看護子
女或家人，可申請可長達十四週的「帶薪照護假」（Carer's

Leave）。還有一個是考量遠端辦公環境下，密集的視訊會議和郵件往來帶來的疲乏，執行長皮蔡（Sundar Pichai）提出了「全球停工日」（Global Day-Off）制度，由公司將一些日子定為「停工日」，作為讓員工恢復精力的「離線時間」，擴大員工的自由空間。

2. 優化外部及內部的體驗

透過各種體驗可以強化人才對雇主品牌的認知，包括求職前的體驗，例如校園招聘、實習生，求職體驗則包括邀請函、面試、拒絕信，以及入職後的體驗，包括企業文化、培訓、薪酬及福利、成長發展機會等。透過持續優化外部及內部的體驗，可以強化雇主品牌。

3. 有效的內部及外部溝通

公司可以透過參加最佳雇主的選拔、媒體的報導、招募的活動以及出版與公司相關的書籍，來強化外部對公司雇主品牌的認知。而內部溝通則包括員工滿意度調查、員工資訊交流平台及各項內部活動，可以了解及強化員工對公司的認知。

有些企業則編製詳細的企業文化手冊分享它們實際的文化故事，它們都在成長的過程中感受到文化的衝擊，並重新定義或修正企業文化的內涵。例如iKala，就在2021年5月，出版了「iKala企業文化書」，該文件揭櫫他們的八大文化、以人為本的十大行為準則，以及企業社會責任。我們也觀察到，本書

的部分新創案例，企業文化的內涵不夠明確，而核心團隊了解企業文化的重要性，也計劃要逐步推動落實。

綠藤的鄭涵睿就觀察到，新世代的求職者，應徵之前一定會先上網搜尋公司相關資訊，所以公司不論是經營自媒體，或是接受媒體訪問，都是接近人才的方法，若是行有餘力，出書也是一個好選擇。綠藤在2020年時，出版了一本《B型選擇——綠藤：找不到喜歡的答案，就自己創造》一書，分享創業過程中面臨的許多選擇與背後的故事，後來發現，不少應徵者就是因此書而來。

綠藤生機：員工就是企業最初的客戶

「B型選擇不一定是比較容易的選擇；但，我們始終相信總有更好的方式，對待自己與所生存的環境，如果找不到喜歡的答案，我們就自己創造一個。」這是綠藤在自己出版的書籍中，強調的創業精神。當年，鄭涵睿與另外二位創辦人廖怡雯、許偉哲，抱著有沒有更真實永續的生活方式的疑問，捲起了袖子種芽菜，並踏上開發純淨保養品的創業之路，希望讓大家能用更好的方式對待人與環境。

落實在經營企業上，鄭涵睿期許能夠幫助員工有更好的能力、更清晰的價值觀，然後打造出自己喜歡的工作場所。

鄭涵睿在Facebook上撰文分享，傳統的管理者有一個

常用的伎倆，是讓員工「害怕」老闆。而讓員工害怕的方法之一，就是讓員工不知道你在想什麼，要猜主管的心意。但其實這是非常浪費時間與資源的，也造成非常負面的工作體驗與企業文化。他強調，在數位時代的知識型工作環境，安全感（Emotional Safety）才是讓團隊能夠無負擔地投入、發揮創意的關鍵。清楚溝通主管的工作習慣與價值觀，是提升團隊表現的關鍵。

「我會問自己三個問題：第一，不想跟什麼樣的人工作？第二，你想要去哪裡？真的需要誰？最後，則是誰可能不會愛你？他會選擇其他公司，而不是自己。」鄭涵睿説，強摘的果實不甜，創業最大的痛苦之一，就是把寶貴的時間放在錯誤的人身上。他強調，企業文化不是靠人資主管，而是靠創辦人的當責，因此，在雇主品牌的經營上，綠藤參考波士頓顧問公司的架構，建立出溝通對象、差異化做法與溝通三大面向。

在溝通對象上，他認為，員工不僅是最重要的客戶，也是品牌的代言人，因此，他們會從如何提升正向情緒、提高參與感，以及建立正向關係三個角度來設計制度與活動。例如：提供經費鼓勵跨部門聚餐，讓不同部門的同事，能夠多一些了解。每天舉辦辦公室早會，例如價值星期二，分享永續議題與觀點，專注星期三，則是給同事不被外務打擾的二小時個人時光。另外，對於新進員工，除了到職當天的到職歡迎信，滿三個月後，也會再次發出到職關心，回饋到職以來的表現。

特別是隨著公司成長，倍增的員工數是管理團隊最需要面臨的挑戰，但就如同培植芽菜的精神，每位員工到職後，公司不會馬上交付滿坑滿谷的工作，而是幫助「找自己」的一系列計畫，讓每個員工能盡快融入團隊。

綠藤也是台灣最早採用協作平台Slack的台灣企業之一，不只將所有討論的頻道都公開給所有員工參與，甚至連營收數字都是公開的。鄭涵睿說，在邁向願景的路上，一定會一直缺人，但寧缺勿濫，精力要用在對的地方，基於只想和願意相信的同事共事，鄭涵睿非但不擔心資料外洩給競爭對手，也自信只要自己持續成長、變動，就不用擔心自己的舊資料被別人拿走。每個月也都會討論成長思維和學習課程，公司甚至給員工每年五天「志工假」，讓他們可以花時間在自己想奉獻的事物上。

除了在職人才，如何吸引新血也是新創成長的關鍵。鄭涵睿曾在麻省理工學院求學，當時對企業提供給學校的實習機會感到震撼。然而，回到台灣後，卻看不到類似的模式，「如果讓我回到那年的暑假，我希望有一個怎麼樣的實習機會？」於是，2013年開始，綠藤推出實習計畫。

鄭涵睿表示，他們的實習計畫都是以外商儲備幹部訓練的規格執行，每位實習生進公司一週內就會被賦予一個題目，並且允許接觸公司內包含高階幹部的所有人，也能取得幾乎所有資料，讓他們在最小的阻礙下完成實習專案。

更重要的是，這些專案不會因為實習結束而畫下句點，而是真正成為綠藤的營運計畫。鄭涵睿說，台灣第一份公益

報告書，就是由他和實習生一起寫出來的。曾經有一年的實習生，甚至能做出庫存供應鏈預測模型，「這都必須要有綠藤的充分信任、授權才能完成。」目前綠藤組織內的中生代，幾乎都是從實習生培養起來，他說，就算實習後沒有留在公司內，日後很多人都還是好朋友，成為其他公司與領域的連結點，或是品牌的推廣者。

鄭涵睿談到驅動他經營雇主品牌的一個小故事。曾經綠藤有過很優秀的實習生，結束之後想要留在綠藤轉任正職，但在當時，鄭涵睿因為對自己信心不足，反而跟對方說：「拜託！妳應該要去大公司吧！」後來這位實習生經由他的推薦，順利錄取了知名的科技公司，但對方仍然不死心地再問是否能留在綠藤。雖然最後對方還是去了大公司，這讓鄭涵睿反思，有一天，希望有自信地告訴對方：「妳應該留在綠藤，第一流的人才，留在第一流的公司！」

「羅馬不是一天造成的。」這句話對許多人來說都耳熟能詳。同樣地，企業文化也非一朝一夕就會產生。不論是創業者本身，或是加入新創公司的員工，大家都希望投入的努力和創意能被看見、被認可，當公司能建立共好、共創的職場文化，讓團隊中的每個人都能被予以賦能的空間，與足夠的信任，那麼，整個團隊也將能夠自信地展現自我、進行實驗、承擔風險，甚至，在面對失敗時，也能快速修正錯誤，找到正確方

向。現在，不妨休息一下，好好地跟你的團隊聊聊天吧！

「形塑企業文化，吸引對的人才」
關鍵要素自我評估重點

1.公司有計劃地建立清晰的企業文化。

2.公司配合發展階段不斷演化公司的企業文化。

3.公司創辦人與核心團隊以身作則落實企業文化。

4.企業文化是指導公司重要及日常決策的依據。

5.公司員工了解企業文化並落實至日常行為。

6.公司將企業文化與人才發展緊密結合。

7.公司在目標市場有清楚的雇主品牌及價值主張。

8.公司核心團隊將吸引及培育人才視為要務。

9.公司有能力持續吸引及留住適合的人才。

10.公司能有效透過制度獎勵優秀及淘汰不適任員工。

第六章

動態調整商業模式與
成長策略

「當今企業間的競爭不是產品間的競爭，而是商業模式間的競爭。」

——彼得・杜拉克

　　創立AAMA台北搖籃計畫十年，我覺得最棒的一件事，就是這裡匯聚了台灣不同的創業世代。在這裡除了有超過二百位創業者，也有近百位的企業導師，不同年紀、不同領域、不同專長，我們透過例行的工作坊、導師課程、活動參訪，還有自2013年起，每年於6月份舉辦的年會，大家無私地分享職場與創業歷程，延伸交流的深度，在我看來，AAMA的價值，不只是提供資金與人脈這些實際的連結，更重要的是，在彼此的互動中，幫助彼此開展新的視野與寬廣的人生態度。

　　2018年的年會，我們邀來時任台北市長柯文哲擔任專題演講的嘉賓，他的演說，讓我印象深刻。「抗壓性怎麼那麼強？像蟑螂一樣打都打不死？」他分享自己從台大醫生變成市長，在職涯的轉變與適應上，就如同創業者一般，當我們在講成功的時候，真正要訓練的是如何面對失敗。柯文哲認為，在創業這條路上，大家都希望能有轟轟烈烈的成功，募到最多的資金、產品受到用戶歡迎，甚至成為一隻獨角獸，很多創業之所以會失敗，就是花了太多心力在等待，「不要等了！永遠去做就對了！」

　　我之所以對這段分享非常有感，就是在陪伴創業家的歷程中，常常看到許多創業者，面對排山倒海的壓力時，最困難的，就是痛下決心去改變。因為創業者常常會有一種心情，「不是我能力不夠，是市場不了解我」，所以就算看到困難，會覺得再等等，情況就會改善，撐著不做改變，結果往往就失去了最佳的發展契機。

　　隔年，我們年會的主題，就定為「成長之痛，企業成長的關鍵挑戰與對策」，因為我們知道，創業不可能每天都是好日子，在到達特定里程碑之前，必然得克服許多挑戰，其中，挑戰最大的，莫過於面對企業營運的壓力，在尋找短期壓力解方的同時，也要堅定信念，保持對於長期目標的眼光，藉著動態調整商業模式，達到真正的成功。

　　對很多新創企業而言，創業團隊一開始商業計畫所描述的商業模式，幾乎沒有或非常少是最後驗證成為未來存活、或可以持續成長的商業模式。原因在於，新創在起步時，常常不是很確定他們顧客的面貌，也不清楚市場競爭動態究竟是什麼樣的情況，因此，在成立之初，往往都是基於市場觀察與資料蒐集，勾勒出想像的目標顧客群及可能的需求，近而提出價值主張的假設，然後藉由實際接觸消費者、互動溝通，釐清驗證並修正當初的假設。

　　在許多談論創業的書籍中，時常強調精實創業「軸轉」的概念，鼓勵新創團隊進行「開發－評估－學習」的機制，一旦發現假設有誤，就應該果決地重新調整商業模式。

　　我們的學員之一COMMEET創辦人暨執行長洪明楓曾分享，他一直到進入創業生涯的第六年，才找到了未來公司可規模化的商業模式，對於自己真正想要創立一間怎樣的公司，開始有了具體的想像。洪明楓在2016年時，離開知名明碁集團創業，當時，他創辦了Tripresso旅遊咖，是全台灣最大的針對團體旅遊的比較網站。

在與旅行社洽談合作的過程中，洪明楓發現，不少旅行社缺乏技術、無法自架網站，於是做了轉變，從旅行社的下游變成了上游，推出TripSaaS旅行社開店平台。後來碰到疫情之故，旅遊業整個崩盤，公司從原有的差旅服務，轉向提供虛擬信用卡的整合性企業線上報帳系統，解決現有差旅報帳流程繁複的問題。

因此，新創企業在開始加速成長之前，需要透過設計、測試及演進到可規模化的商業模式。新創企業持續成長的關鍵要素之一，便是持續檢視並動態調整商業模式，同時考量外部的環境及內部的資源及能力，選擇並進行適合的成長模式及策略。

找到商業模式適配是新創企業成長的關鍵

商業模式是描述一個組織如何創造、傳遞及獲取價值的手段與方法。有關商業模式完整要素的內容介紹，可以參考《獲利世代》（*Business Model Generation*）這本書。商業模式的要素內容中，屬於價值部分，包括目標客戶、價值主張、顧客關係、通路及收入流；屬於效率部分，則有關鍵活動、關鍵資源、關鍵夥伴及成本結構。

我想提醒的是，商業模式的重點不在完成填列要素的內容，而是了解背後的思維模式並釐清要素之間的動態關係。在商業模式可以規模化前，通常需要經歷三個階段：問題與解決

方案適配、產品市場適配，以及商業模式適配。根據我們多年來的觀察，透過不斷地驗證及探索找到適合的商業模式的新創企業，通常比較可以在未來持續成長。

　　通常在創建期及產品市場適配期，新創企業最關鍵的要務就是找到產品市場適配，這是一個持續、反覆的過程，很多新創企業無法進入加速成長階段的主要原因，就是因為無法找到真正的產品市場適配，進而達成商業模式的適配。

一、問題與解決方案適配：紙上談兵

　　當你證明目標客戶在乎特定的任務、痛點及利益，並設計出呼應的價值主張。在此階段主要是努力辨識出客戶最在乎的任務、痛點及利益，並依據蒐集及觀察的資料設計價值主張，你可以設計出價值主張不同的選項，以方便找到最適配者。在此階段仍然停留在紙上談兵，因為還沒有經過實際驗證，所以下一步就是要找出客戶看重你的價值主張的證據。

　　COMMEET在轉型提供差旅等報帳解決方案的過程中，他們採取直接邀請潛在客戶面對面進行訪談的方式，為的是從客戶的觀點，了解出差旅行中遇到的種種困境。他們在訪談中發現，即便是來自於同一企業，身為業務、財務會計、管理階層三種角色，對於出差的痛點皆會有所不同。業務往往困於出差與報銷流程曠日費時，需要先自墊許多款項，易造成個人財務周轉的問題，而財會與管理階層，又常因出差資訊不透明，不易進行相關考核與預算管理工作。重新釐清並定義價值主張

後，讓公司本身與客戶的痛點及需求都變得更清晰。

二、產品市場適配：市場驗證

當你有證據證明你的產品與服務，能解決客戶的痛點並對其產生利益，因此能為客戶創造價值並具有市場的吸引力。在此階段，原來所提出的價值主張，需要透過實際客戶的驗證並持續修正。

這個過程通常需要聆聽、試驗並不斷地疊代修正。對於企業客戶往往必須實際付費使用，並願意推薦其他客戶才能真正達成產品市場適配。找到產品市場適配是一個反覆而漫長的過程。決定產品與市場是否適配的人，是客戶，而不是執行長或產品負責人。

Vpon就挺過這樣的階段。從2008年成立之初提供團購服務，後來轉到行動廣告，賺到第一桶金，也讓公司站穩發展腳步，2015年全球大數據浪潮興起，創辦人暨執行長吳詣泓決定再次轉型，並在公司內組織多組不同團隊來支持這個需求，但他坦言，前二年幾乎是處在沒有營收的狀態。「我們雖然相信數據的價值，但說不慌張、焦慮，是騙人的。」

直到2018年，日本政府觀光局希望透過應用大數據，有效吸引海外旅客到日本旅遊，成立全新的數位行銷推廣部門，Vpon抓住機會提供訪日旅客相關的數據包，特地找出半年內實際到日本旅遊的遊客，接著分析這些人的輪廓與特質，說服日本政府觀光局放心把預算從線下挪了一部分放到線上的推

廣，也讓Vpon確認數據服務模式的可行性。

「我們彈性與變通的速度很快，路不通就趕快轉向！」吳詣泓說，回顧創業歷程，進軍日本之前，他曾經在上海發展四年，中國整體市場很大，但太多當地潛規則，產品雖然好，卻無法滿足市場。這段經歷雖然失敗，不過，反而讓他重新思考與市場的適配性，而日本旅遊局這個客戶，因為日本人對細節品質的要求，幫助他們鍛鍊產品與服務，在市場上建立了指標性，對於之後進軍其他地區的市場，有很大的助益。

三、商業模式適配：獲利潛力

當你有證據證明你的價值主張可以有機會形成一個可規模化、可獲利的商業模式。在此階段主要是驗證價值傳遞並確保卓越的價值主張可以找到搭配的商業模式。不管價值主張多好，如果缺乏適合的商業模式，就無法長期存續。

找到為顧客創造價值的主張，也要思考如何為組織創造價值。商業模式適配的必要條件是商業模式是否長期能夠獲利，也就是提供的價值主張創造出來的收入，是否超過創造和交付價值主張所需的成本。

提供餐飲SaaS雲端服務的iCHEF，2022年初才歷經一波商業模式調整。2020年5月，因為新冠病毒（COVID-19）的衝擊，iCHEF為了讓餐飲業客戶在內用歸零時，減少生意的衝擊，緊急開發了「點餐網站」功能，讓餐廳擁有一個全新、免抽成的接單管道。

服務上線後，的確看到市場有不錯的反應，平台處理了超過一百五十萬筆訂單，年成長1,136%，2021年疫情期間，真人客服案件數量，也比2021年同期提高了170%，最高單月增加了三千四百零七件。看似滿足了客戶需求，然而，大量資料的處理，巨幅拉升系統運算成本，伺服器需要升級，並且為了降低系統錯誤率需要擴編團隊，導致相關維護成本總體提高了300%以上，也就是生意越好，虧得越多。

內部重新檢討後，決定在2022年2月，將「點餐網站」轉型為「雲端餐廳」型態，採用交易抽成制，目前抽取信用卡、LINE Pay結帳各5%、3%，現金交易則不抽成。但這樣的調整，的確引起一些客戶不滿，iCHEF在對外的聲明中坦然表示：「我們當時的善意後來證明太過天真，」團隊強調，「我們發現這個科技的商業模式必須是：當餐廳經營得越好，iCHEF也能夠越好。」

共同創辦人暨執行長吳佳駿說，商業模式轉換雖然遭逢挑戰，但推動餐飲業進步的初衷，十年來都沒有改變，所以團隊也積極與客戶溝通，並調整內部資源配置，確立一個iCHEF能與小餐廳站在同一陣線的商業模式，持續推動進步。

從這個例子可以看到，好的價值主張，也必須將交付價值的成本做好估算，否則，反而是阻礙了新創發展的腳步。幸好，iCHEF能夠很快地反應調整。成長雖然痛，卻也學到更多。

綜合我們前面談到的三個不同階段，以及各階段商業模式

核心要素的內容，彼此的關係重點如圖6-1。

　　在找到產品市場適配並驗證傳遞價值有效率的方式後，就進入商業模式適配階段，這對新創企業是很重要的成長轉折點，管理大師彼得・杜拉克就曾說過：「當今企業間的競爭，不是產品之間的競爭，而是商業模式之間的競爭。」因為它是企業得以順利運作的做事邏輯與基礎，但必須注意的是，因應內外在經營環境與條件的變動，任何商業模式都有其階段性，經營者必須隨時抱著因勢利導的態度，才能讓商業模式維持運轉。

新創企業商業模式的演化及轉變

　　依據商業模式的核心要素可以歸納出不同的商業模式。基本上，我們可以區分為平台或產品二種不同商業模式。平台再依據其創造價值的方式，可以區分為交易平台及創新平台；產品類主要是將產品服務提供給客戶，可區分為數位類或實體類二種類型（見圖6-2）。

　　平台將個人與組織結合在一起，讓個人或組織得以創新或進行互動以創造價值。當平台將用戶連結到其他用戶或其他市場參與者時，就會產生網路效應。當網路效應強大時，平台的效用和價值就呈現非線性成長。

　　我們可以將平台分成二種基本類型，第一種類型稱為交易平台，它讓人們和組織可以共享資訊，或者購買、銷售、取

圖6-1：商業模式發展階段

問題與解決方案適配

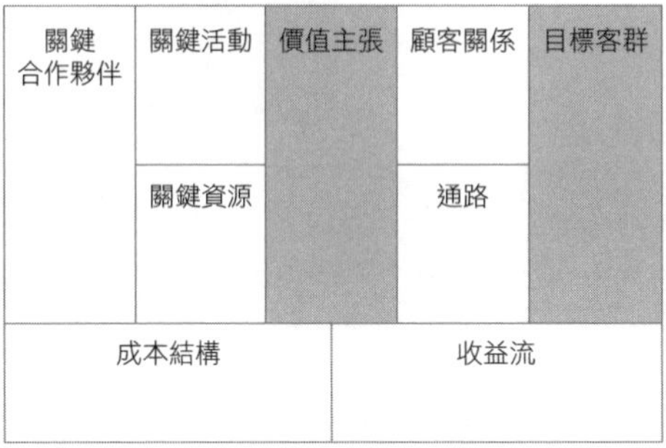

關鍵合作夥伴	關鍵活動	價值主張	顧客關係	目標客群
	關鍵資源		通路	
成本結構		收益流		

- 確認客戶真正的問題
- 提出初步的價值主張
- 透過實驗修正價值主張

產品市場適配

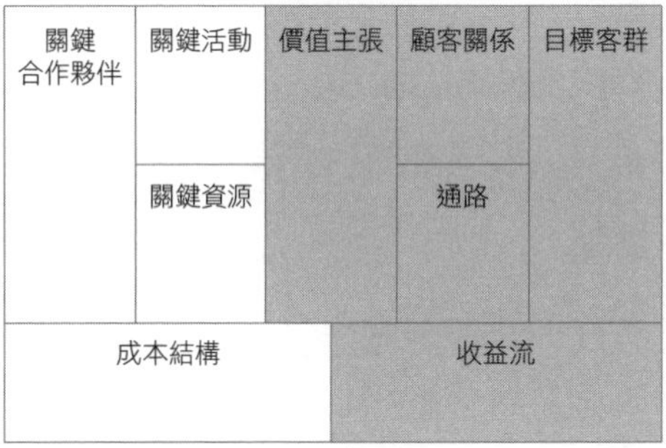

關鍵合作夥伴	關鍵活動	價值主張	顧客關係	目標客群
	關鍵資源		通路	
成本結構		收益流		

- 開發並修正、疊代產品
- 驗證客戶的價值主張
- 探索市場開發的方式

商業模式適配

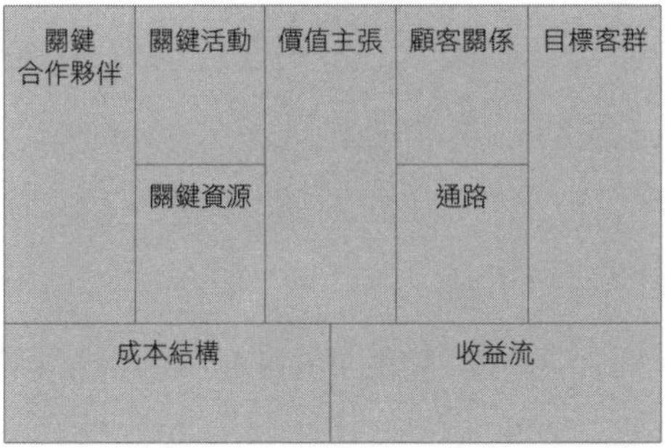

關鍵合作夥伴	關鍵活動	價值主張	顧客關係	目標客群
	關鍵資源		通路	
成本結構		收益流		

- 驗證關鍵資源的應用
- 找出可行的獲利模式
- 規模化準備及執行

圖6-2：商業模式的類別

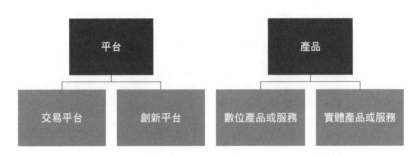

得各種商品與服務。交易平台通常藉由促進商品和服務的購買或銷售，或者促進其他互動（例如讓用戶能夠創造和共享內容），來創造和實現價值。

本書代表性新創企業例如Pinkoi、Dcard、Hahow都以交易平台模式為主，這些平台公司主要是透過交易費、廣告費或二種費用都收，來獲取價值。

第二種平台的類型稱為創新平台，這些平台通常由共用技術組件的擁有者，以及生態系統合作夥伴組成，目標是要創造新的互補產品和服務，例如智慧型手機App。

當互補產品或服務的數量越多，或效用越大，就會產生網路效應，平台對用戶和其他參與者的吸引力就越大。Google的Android作業系統和「亞馬遜雲端運算服務」（Amazon Web Services, AWS）是常用的作業系統和雲端運算服務，作為電腦和智慧型手機生態系統的創新平台。

產品的商業模式目前仍是較常見的商業設計。產品商業模式通常是透過網路或實體通路，將產品或服務銷售給客戶。客

戶付錢購買產品或服務，創造出一次性或持續性的客戶關係。

　　提供實體產品或服務的商業模式，主要是透過傳統的價值鏈提供產品或服務以滿足顧客的需求。最關鍵的營運活動，包括產品開發、品牌行銷、通路及生產夥伴的選擇，此類的目標客戶以一般消費者為主。

　　這類型的新創，通常會考慮將製造生產外包給合作夥伴，以確保效率的提升。本書代表性新創企業綠藤生機、鮮乳坊就屬於此類。

　　提供數位產品或服務的模式，其主要的客戶以企業為主，也有透過企業再到終端用戶。其產品或服務主要是透過自行開發或與合作夥伴共同開發。最關鍵的營運活動包括：產品開發、行銷及業務銷售管理。這也是目前台灣新創企業相對較普遍的商業模式。本書代表性新創企業包括Appier、iKala、Vpon、凱鈿、iCHEF都是屬於此類模式。

　　由於數位應用的普及，加上企業數位轉型的需求，提供企業客戶為主的數位服務新創較多，雖然將數位產品或服務推銷至其他國家仍然有很多挑戰，但是，以一般消費客戶為主的實體產品及服務，受限於跨國文化的差異，可能面臨的挑戰更多。

　　依據我們這幾年對台灣新創的觀察，受限於台灣網路人口的規模，平台型商業模式的新創相對較少，如果要創立交易平台的新創，除了台灣市場外，最好再加上亞洲其他區域，才會產生較具規模的市場。

　　不管是產品或平台的商業模式，都會透過設計、驗證及演化而持續轉變。不同類別新創企業的演化及轉變的方式不同；同類別的新創企業，也會有不同演化及轉變的方式，甚至，還會出現多種商業模式的組合。一般來說，新創企業常見的商業模式轉變，包括以下四種情況。

一、目標客戶的轉變

　　所有商業模式的設計，都是從目標客戶的需求開始。不同目標客戶的痛點及利益不同，基於設計的價值主張不同，連帶也影響商業模式其他的要素，因此帶來的轉變是相當巨大的。目標客戶的轉變，有時候是因為公司原來的目標市場及客戶不具吸引力，或無法找到收入模式而選擇轉換；有時候是因為環境變化帶來新的商機而擴展至不同客戶。

　　在台灣，以數位產品服務為主的非平台型新創企業，大部分是以企業客戶為主。例如iKala一開始是以消費客戶為主的線上卡拉OK，受限於市場的規模以及音樂版權問題，發現不可行，因此在一段時間後就轉到以企業客戶為主，建構全新的商業模式。

　　凱鈿一開始是透過App產品提供給專業設計者及一般客戶，在累積相當多的全球一般客戶並推出多元產品後，一方面發現原有的消費端市場競爭日益激烈，另一方面也因為既有的消費端客戶，希望將產品服務延伸帶入工作現場使用，在二股需求的推力之下，轉變為透過企業客戶再到個人用戶

（B2B2C）的模式。

　　Pinkoi也有曾經在目標客戶上力求轉變的經驗。由於主力販售文創設計商品，平台上85%的用戶都是女性，但團隊觀察到，年輕一代的男性也開始重視設計感，因此在2018年的時候，針對男性購物者消費衝動性高、但又快速精準的特性，曾啟動一個小規模的男性市場推動計畫。

　　不過，推出一年後，在各項設定的指標上都未達標，成績不如預期的情況下，執行長顏君庭說，雖果斷地結束了計畫，但也給了他們啟發，女性市場仍有成長空間，應該做得更深。「不要害怕嘗試，商業模式的失敗，有時候是寶貴的經驗資產。」

Hahow：從服務核心擴展客群

　　為什麼我們只能學習單一專業？當年就讀台大社會系的Hahow（好學校）創辦人暨執行長江前緯，深感自己已經身在台大，但還是不容易做到跨領域的學習，開始有了建立新學習環境的想法，一次交換學生的機會認識了具工程背景的黃彥傑，二人先打造了才藝交換平台，獲得不錯的迴響，加上當時全球也掀起開放式線上學習熱潮，因此，2015年時，透過群眾募資的方式，創辦了Hahow。

　　不同於傳統開課模式，Hahow除了自己尋找適合的老

師開課外，也鼓勵有才藝的人主動開課，但不論平台或老師本身，都不確定市場到底有多大，藉由群眾募資的機制，不僅可以保障分享者開課前的收入，對平台而言，也能測試市場需求，規劃對應課程。在開課成功並能持續帶來收入後，其課程收入再由Hahow與老師拆帳分潤。

這樣的模式推出後受到歡迎，開站五個月，就達到一千位付費會員，但在營收表現上卻不如預期，第一年的營收僅有80萬，他們檢討原因發現，關鍵出在分潤的機制，如何界定吸引來的學生究竟是平台能力，或是老師本身的吸引力？因此重新依照每個老師的狀態不同，而給予不同的比例。如果老師能自己帶學生，就採取八二比例拆帳，若是資歷較淺者，就以六四比例拆帳，調整之後，隔年不僅開課數量突破一百門，營收也大幅成長，超過3,500萬。

Hahow發現，報統編的需求真的增加得太快，工讀生常反應加班也做不完，實際統計才確認，有超過一萬筆訂單需另輸統編，且不重複的企業竟多達六千多家，這促使Hahow開始思考提供企業端服務的可能性，他們組了一個十人左右的小團隊研究發現，隨著越來越多數位世代加入職場，員工希望有更活潑、彈性的內訓方式，而人資部門自己要開設多樣課程，也有其困難，因此，他們在2019年10月，透過數據分析，精選出最熱門、實用的課程，像是數位行銷、數據分析、職場技能等，推出針對企業的Hahow for Business Lite版本，進行小規模測試。

「彈性自主的線上學習核心精神不變，但整個業務方式

完全不一樣。」共同創辦人黃彥傑說，對應學習情景不同，他們在課程上，將內容拆解成主題小單元，透過輕薄短小的形式，增加學習效率，並提供各項數據指標，精準回饋、分析員工的學習成效。

例如Hahow就從針對合作企業員工的調查中發現，除了像是簡報製作、財報解讀這類工作直接相關技能外，疫情期間，像總體世界經濟、國際財經到體態伸展、筋肉按摩等生活化類型課程，平均的上課時數也都有倍數成長，顯示在非常時期，員工除了經濟議題外，更重視身心健康與平衡。

2020年年初全球爆發的新冠疫情，更加速了企業對線上學習的需求，2月份使用人數就突破萬人。相較於2020年，2021年整體採用Hahow for Business的企業數量，較2020年成長了1.5倍，同時有近七成企業客戶，員工帳號開通率達到85%以上，目前企業端有十五個領域企業導入，會員數達六萬人。

從一般消費市場走入企業市場，江前緯不諱言還有很多可改進的地方。例如企業規模大小、專業領域都不同，需要去思考怎麼滿足企業人資部門的財務預算概念，且在不會造成公司營運負擔的情況下，活用數位平台特質，提供客製化、系統化的服務。另外，公司內部也需要強化策略聯盟的能力，用槓桿的力量加速業務推展。

黃彥傑也說，現階段企業市場的占比僅有5%，但這是一個有潛力的市場，不同於消費市場可以採取試錯就立即修正的模式，企業市場的節奏較慢，也需要較長時間布局，因

此對Hahow來說，重點不在於開課，而是怎麼從人才培育的角度，協助企業進行整合。

2022年年初，Hahow宣布獲1,000萬美元（約新台幣3億元）的B輪募資，接下來將以「學院」為概念，搭配垂直領域地圖式課程、助教輔導、社群參與及測驗認證等機制，深化特定領域的專業技能培育，讓學員在有限時間內獲得最高效的學習。同時，也將藉由一站式模式，聚集內容創作者，提供更低門檻、便利的後台，從消費市場到企業市場流量變現的入口服務，讓創作者更容易進入市場，串聯智慧財產權（Intellectual Property, IP）經濟網絡，驅動知識變現生態系。

二、價值主張的轉變

價值主張通常是依據目標客戶的需求及痛點而設計，透過實際與客戶的驗證過程做修正。有時一開始是針對客戶的某個痛點，但是隨著對客戶需求的了解，推出不同的產品及服務解決客戶不同的需求。

Appier一開始是協助客戶利用產品獲取客戶，逐步透過不同的產品線協助客戶維持客戶關係、促進交易完成，以及利用客戶數據預測未來，得以協助在整個客戶旅程中，提供完整的解決方案並創造更高的價值。

iKala提供不同的產品，包括雲端服務iKala Cloud、AI網

紅數據行銷媒合平台KOL Radar、社群電商軟體服務Shoplus，以及顧客數據平台（Customer Data Platform）iKala CDP，協助不同客戶在數位轉型、數據行銷的解決方案。當公司將產品模式轉換為服務模式，也會帶來價值主張的改變。

以消費市場起家的設計購物平台Pinkoi，三年前看到企業禮贈品的市場，曾推出「Pinkoi for Business」服務，媒合設計品牌與企業，但後來發現，一方面設計品牌不易大量生產，且還需考量企業端運費、通關與交期等問題，做一單反而賠一單。雖然這個模式沒有成功，然而，過程中累積的國際貿易經驗，以及本身擁有的平台技術優勢，最後轉型開發出跨境服務的新模式，幫助亞洲設計品牌可以更快邁向國際化。

三、收入模式的轉變

收入模式往往是受到對目標客戶提供的價值主張以及想要建立的客戶關係而決定。除了傳統產品的一次性交易收入外，我們看到更多數位產品及服務採取訂閱式收費模式，也就是所謂的SaaS。目前這種收入模式普遍被數位新創企業所使用，甚至於有些提供實體產品及服務的新創公司，也嘗試探索訂閱式收費的可能性。

至於平台型企業的收入模式可能更多元複雜，一開始考慮利用免費模式吸引更多用戶加入平台，接著透過提供加值服務收費，以及透過不同的交易模式（例如電子商務）對平台的生產者或消費者收費，收入模式的決定及轉變一直都是平台業者

需面對的關鍵決策。

Dcard：探索多元營收管道

　　如同目前全球最具影響力的社群平台Facebook一般，Dcard也是從大學校園起家的交誼平台。2011年，就讀台大資管系二年級的林裕欽寫出第一版Dcard網頁，一開始的概念很簡單，它是大學生的線上聯誼平台，讓各校學生在午夜十二點抽卡配對。直到2015年才正式成立公司，逐步加入各種社群功能服務，且逐步將使用者從大學生開放為一般使用者，一路演變到現在的綜合性論壇，會員數達六百萬。

　　「坦白說，在2017年之前，管理營運真的是有點混亂，沒有工具、方法，覺得社群有需求就做，當然更不清楚怎麼在社群基礎上，做到好的營收變現，」創辦人暨執行長林裕欽說，前期，公司主要都聚焦在如何打造更好的產品體驗，2017年之後，一方面導入OKR機制，幫助組織管理上軌道外，也讓他們思考公司的使命、願景，以及如何達成營運目標。

　　對於社群平台的服務，擁有大量的使用流量，透過廣告變現是最直接的模式。但在內部，也的確引發許多討論，廣告總監曾薇回憶說，當時內部很多人認為，廣告會傷害使用者體驗，經過內部多次討論，認為大學生是十分特殊的群體，他們開始可以真正獨立自主，有許多第一次的嘗試經

驗，消費力強，且具同儕影響力，在拓展異業合作上有更多的可能，決定採取所謂快跑模式，新的模式導入若反應不好就立即撤掉，同時也開始經營分眾頻道，優化熱門文章的即時排序，在體驗與變現之間取得平衡。

例如有別於傳統的首頁廣告，Dcard抓準年輕族群大膽嘗鮮的特質，將廣告包裝成小禮物，利用遊戲化方式，結合美妝產業廣發試用品的需求，就創造極佳的營收表現。

廣告模式穩定後，提出「好物研究室」的電商導流專案。除了提供用戶討論商品、互相推薦的平台，更透過數據分析，增加「推薦演算法」的服務，將使用者導流至商品頁購物。

從學生到一般人，從交友到多元服務，面對新的社群需求，林裕欽根據年紀族群、市場區域與服務項目三個指標，建構出內容分享、產品矩陣應用與社群生態系三大發展面向，正積極整合廣告、電商與IP的組合模式，希望可以打造出第二成長曲線，加速海外市場的拓展。

四、價值傳遞的轉變

對目標客戶設計獨特的價值主張固然重要，但是另一方面，如何傳遞價值主張並找出獲利的模式，一直是討論商業模式適配的關鍵問題。為了要有效產出並送達產品及服務，公司可以考慮哪些活動必須要自己進行，哪些活動可以考慮外包或

與外部夥伴合作。

　　有些新創企業在初期因為缺乏資源會選擇外包，但到一定的規模後也可能收回來內部負責。自製或外包的決定通常會影響到關鍵活動及關鍵資源的選擇。一般數位產品及服務通常採取線上方式交付；而實體產品或服務的交付則會面臨線上及線下的選擇，也包括自行交付或透過其他的合作通路夥伴交付。新創企業在發展的過程中需要持續檢視交付方式如何組成及改變。

　　商業模式轉變是為了創造對客戶更重要、更高的價值而採取的精心規劃、有系統的行動，對驅動新創企業成長是非常關鍵的。轉變如果同時涉及到多個要素，特別是目標客戶及價值主張，則可視為全新的商業模式。

　　大部分常見的是，從既有商業模式的部分改變開始，演進到更有價值的全新方式。新創企業的商業模式大部分都經歷多次轉變，而未來也會持續演化、改變。在檢視商業模式的轉變時，最重要的評估要素是是否為客戶創造更多、更好的價值。它是整體思維模式的改變，而不是拘泥於商業模式某個要素的改變。

商業模式規模化與成長策略

　　新創企業在發展商業模式的過程，從問題與解決方案適配、產品市場適配，到商業模式適配，之後就進入準備商業模

式的規模化。這是一個漫長而挑戰的過程,對台灣很多新創企業而言,花費至少五年以上是相當正常的。進入商業模式規模化,除了確定商業模式適配外,同時必須考慮規模化的時機及相關資源的準備,這對新創企業是非常重要的策略決策。

　　商業模式規模化代表已經到達成長轉折點,如果一切順利,就會進入加速及持續成長的階段,新創企業就有機會成為細分市場的領導者,甚至於往產業領導者的方向邁進。新創企業在進入規模化的成長時,通常會面臨下列關鍵議題。

一、單一或多元的商業模式組合

　　新創企業在邁入成長期時,如果商業模式定位的目標市場及客戶夠大,要成長到一定的營收規模,可能只需要在現有的商業模式下持續開發不同的產品,或是將產品延伸到不同的地區客戶。但對於一開始就定位在國際市場上的新創企業,特別是B2B,如何在不同的地區營運、紮根,通常是很大的挑戰;如果定位是B2C,國際化則需克服不同國家文化及體驗的不同,面臨的挑戰度更高。

　　我們觀察到,台灣新創企業在進行商業模式規模化時,一方面是原有商業模式在本土市場可能需要較長的時間,才能成長到一定的營收規模,在此過程中,因為全新客戶的需求,可能有機會創造出另一個全新的商業模式。而全新的商業模式可能處於不同的發展階段。

　　全台最大的內容訂閱平台PressPlay,2014年成立之初,

主打文創設計產品的一次性群眾募資，後來發現，需要投入的人力、物力，還有供應鏈管理，並非小小新創團隊能負荷，參考美國訂閱集資平台Patreon，找來像是阿滴、啾啾鞋等知名網紅，先推出訂閱集資，再進化為付費訂閱模式，成立了PressPlay Academy線上學習平台，除了付費訂閱制度外，也有完全免費的說書頻道，更有買斷制的線上課程，目前平台上累積有超過一千堂的課程，學員人數超過八十萬。

PressPlay在幫助許多原生內容創作者進入市場的過程中也發現，許多創作者跟創業者很像，都需要生態系資源的支持，因此，在既有的內容優勢下，再跨入網紅經紀、影音製作、廣告及網路行銷的領域，並進一步將網紅IP化，推出品牌商品販售，品牌擴及烘焙、飲料、韓式料理、拌麵等消費品，更跨足海外市場，充分發揮基於「將影響力價值極大化」及「善用影響力創造各種新的商業可能」的營運目標，擴展事業版圖。

二、成長模式及策略的選擇

新創企業在找到商業模式適配、進入規模化成長的階段，會面臨成長模式的選擇，在不確定的環境下，如果考慮速度優先於效率，則可能會選擇「閃電擴張」的模式，只不過閃電擴張的模式通常需要有市場規模、技術人才及充分資金的支持。

以台灣目前創業環境的現況，我認為，只有非常少數的新創企業，適合採取此成長模式。大部分台灣新創企業採取的成長模式，依其不同的商業模式，可能會採取以效率為優先的典

型新創式成長方式；如果是想要在一個細分市場取得市占率或達到營收的里程碑，則可能會採取快速擴張的成長模式。

　　至於新創企業的成長策略，可以用安索夫矩陣（Ansoff Matrix）的四種成長策略，包括市場滲透、產品開發、市場開發及多角化。另外從成長策略的層次，可以分成漸進式（Core）、演進式（Adjacent）及革命式（Transformational）。

圖6-3：成長策略三種層次

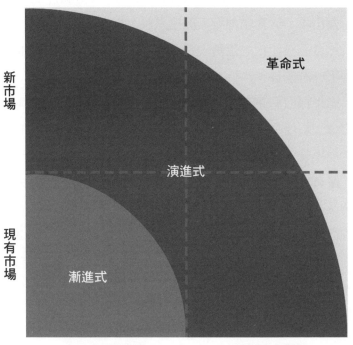

　　如果採取漸進式成長策略，通常會選擇市場滲透，可以透過優化提供的商品服務，或是提升現有市場開發的能力；如果採取的是漸進式成長策略，一種是以推出新產品來提高對現有客戶的價值，可以透過對客戶的洞察及產品創新，或品質提升來完成。另外一種是以現有產品跨越至新市場的策略，可以透過對新市場的分析及洞見，或透過關鍵夥伴的合作完成。

　　例如綠藤生機，近期從原本的保養品市場，重新投入開發生鮮芽苗品牌。鮮乳坊則於2019年，與大江生醫聯手推出優酪乳新品「純鮮乳玻尿酸PLUS優格飲」，從單純飲品跨入保健營養市場，鮮乳坊創辦人龔建嘉說，推出這樣的新品，是看到天然食品機能化的趨勢，透過讓鮮乳擁有更多的附加價值，帶動下一波成長。

　　如果採取的是革命式成長策略，則是多元的成長策略，複雜度會大幅增加，管理與執行力都非常重要，通常是已經具備一定規模及管理能力的新創企業，才會採取此種成長策略。

　　沒有一種成長的模式及策略是適合所有新創企業，每家新創企業在進入快速成長的階段，需要同時考慮商業模式規模化的可行性、目標市場成長的時機、支援成長的系統、人才及資金的準備，甚至於包括創業團隊的企圖心，以及願意承擔的風險，都是必須考慮的因素。成長的模式及策略，也必須依據實際執行的結果，持續做出必要的調整。

凱鈿：快速調整，抓住新需求

在台灣，相較於多數新創都設立在大台北地區，總部在台南的凱鈿，顯得相當特別。「我們希望讓台南的年輕人，如果想要返鄉，也能有選擇，可以留在家鄉好好生活，不用都跑去台北。」原本在工研院南分院工作的創辦人蘇柏州，2009年看到iPhone帶起的App經濟浪潮，於是找來同為工研院同事的林文瑋，還有畢業自成大工業設計系的蘇俊欽，創辦了凱鈿。

「我們真的是用很傳統的方式在做生意，」蘇柏州說，他們都是技術出身，對於營運和財務沒想太多，加上App就是上架就有下載量與收入，於是幾個人拿出錢就做事了。甚至，初期帳款管理還有所謂台灣中小企業常見的「二套帳」模式，更別說接觸投資人這些事。後來是因為開發的App參加比賽，才開始理解，原來創業跟自己想的不一樣，直到2012年，才拿到第一筆創投的資金。

創業之初，正好抓住App發展初期，競爭者不多，當時蘋果應用程式商店（App Store）上的App總數還不到一千個，但凱鈿可以開發出上百個不同的App，營收穩定成長，但沒多久，他們的發展、成長開始出現瓶頸。除了越來越多新進開發者及大公司投入App開發，加上免費App的選擇變多，競爭加劇，若要吸引使用者，勢必要加大行銷投資。另一個本質上的問題在於，使用者是採取一次性付費買

服務，但公司仍要持續提供維運，長久下去，不利於公司成長。

　　凱鈿做出調整，減少App數量，將產品收斂到不到二十個，瞄準專業商務人士使用的文書處理相關應用，同時以提供進階服務的模式，鼓勵使用者採用訂閱制，專注於經營品牌，並拓展跨平台應用，提供使用者更完備的雲端服務。

　　然而，過去的模式主要靠著多樣化產品在支撐，精簡後，營收規模自然大受影響，公司營運陷入極大困境，幾位創辦人不得不向員工承認錯誤，抵押、賣地、信用卡借款，這些創業故事中常見的情節，也在凱鈿發生。

　　痛定思痛，凱鈿很快地再次轉型。在提供訂閱模式的過程中發現，雖然消費端續訂率不差，可以有將近80%的水準，但也已經是天花板，且這樣的續訂率，常常需要投入一定的行銷活動才有辦法達成，反倒是占比較低的企業端用戶，續訂率可以超過90%。加上當時市場上包括Dropbox、Slack這些原本從消費端起家的軟體開發商，也都開始轉向企業端，2018年，凱鈿再次調整商業模式，朝向企業端的訂閱型應用前進。

　　目前凱鈿聚焦在Document 365 PDF文件編輯、Creativity 365多媒體內容創作、點點簽（DottedSign）電子簽名以及Kdan Cloud雲端共享服務，四大產品線。其中PDF文件解決方案Document 365是主力產品，營收占比約65%。截至目前，凱鈿在全球有超過一千萬名會員，B2C產品續訂率達八成，其中包括四萬個企業客戶。

「我們幾個創辦人都是技術型、研究型人才，可以很快抓到趨勢脈絡，但要做企業端生意，我們真的不會，」蘇柏州說，他們開始對外尋找有外商經驗的人才加入，包括財務、人資專業，重新調整公司組織架構。他自己也開始放下技術的思維，學著找資金、學著面對市場客戶的需求。「要改變自己，真的不容易，」蘇柏州說，幸好，公司從一開始就很重視各種使用數據的分析，建立起不錯的會員基礎，技術也獲得肯定，加上團隊的調整速度快，雖然歷經一些顛簸，但總算越走越穩健。

2021年，完成B輪1,600萬美元募資，此輪募資由南韓最大軟體集團Hancom以及LINE母公司Naver共同出資的投資基金（Dattoz）領投，並將協助進軍南韓市場。凱鈿現今員工已超過三百人，產品已打入包括美國、日本與韓國等海外市場，目前也正積極布局英國，如何強化內部系統化營運管理，並建立更具國際力的管理團隊，將是接下來的新挑戰。

三、國際化策略的選擇

台灣的本土市場相對規模較小，以創新為導向、特別是以技術開發為基礎的數位產品解決方案新創企業，想要成長到一定的規模，國際化似乎是一條必走的道路。在討論新創企業的國際化有二個關鍵的問題。

1. 國際化的定位及目標

　　國際化可以是單純只是透過網路銷售公司的產品或服務到其他國家，仍然以國內市場為主，到配合國際市場不同的特性，有專門的營運團隊及資源投入當地市場的經營，且整體是以國際市場為主。

　　有些新創企業一開始就定位以國際市場為主，台灣只是扮演技術研發中心的角色，包括鎖定國際市場客戶、國際人才的取得、企業文化的形成及國際資金的取得，都以國際化為目標。這是高度國際化的新創企業，其競爭的對象也是國際級或至少是區域級的企業。

　　我們觀察到，在台灣僅有少數以AI、區塊鏈、大數據以及物聯網為基礎的數位服務新創企業，一開始就是以競逐國際市場為主。這種新創企業通常從商業模式、營運架構、企業文化、核心團隊到資金取得都高度國際化。

　　大部分考慮國際化的新創企業受限於諸多環境因素，仍然以台灣本土市場為主，或是先以台灣為主再選擇其他的國際市場。就如同前Google台灣董事總經理簡立峰所提出的「1+1策略」，他認為，台灣位居中國、東北亞與東南亞的中心位置，可以接觸到最多二十二億人的市場規模，從使用網路的人口數來看，至少除了台灣本土市場外，應該要考慮另外一個主要的市場。「國際化不一定是全部講英文，而是各種國家不同文化的交流。」

我觀察到，AAMA台北搖籃計畫超過20%的新創企業，在日本已有經營業務，甚至於當地團隊已經超過五十位員工，與幾位創投朋友交流時，他們也有同樣的看法，近年不只日本企業加重對台灣新創的投資與業務合作，台灣新創公司也積極以日本作為國際化的重要據點，現在正是台日雙方合作的最佳時機。

2019年，在國發會的指導下，AAMA串連Deloitte Japan/Taiwan（勤業眾信）、外貿協會、日本貿易振興機構（JETRO），組織了十九家新創公司，拜會了樂天集團、伊藤忠商社、三井不動產、軟體銀行以及創投Infinite Ventures、SBI Holdings等單位。同時，也接受《日本經濟新聞》、《週刊東洋經濟》等多家媒體的採訪，其中在一場日本勤業眾信的「Deloitte Demo Show」活動上，遇見了超過一百家的日本企業。此次的參訪活動，不但讓日本企業對於台灣具潛力新創企業非常肯定，更強化了我們認為日本是台灣新創企業國際化最重要市場之一的認知。

作為全球GDP第三名的國家，日本政府在2022年6月進一步提出「新資本主義」政策，讓政府於新創發展環境中的角色更加明確，也提到，投入新創的金額將在五年內增加十倍。7月又宣布將在內閣增加「新創大臣」，都象徵日本將以更加開放的心態，接納新創的創新能量。

2022年7月，國發會再次前進東京舉辦「日本・臺灣新創高峰會」（Japan-Taiwan Startup Summit），副主委高仙桂帶領

台灣三十三家優秀新創團隊，逾七十位新創夥伴共同參與，日本當地商社、創投公司、銀行及新創業者參與人數逾五百人。副主委高仙桂表示，過去台灣較重視與美國矽谷的鏈結，未來將強化與日本新創的合作，希望集合政府及民間之力，加強台灣具國際化實力的新創企業與日本生態網絡鏈結，攜手推動數位轉型，進軍國際市場。

　　這場歷年來規模最大的一場台日新創交流活動，成果令人滿意，包括聯齊科技、FunNow、慧康生活科技、凱鈿行動科技、騰雲科技、庫幣科技、啟雲科技等新創團隊，都成功與日本企業達成合作協議，這是一次成功的台灣新創國家品牌行銷，期待後續成果發酵！

2. 國際化的方式

　　我們觀察到，台灣新創企業在思考國際化的商業模式時，以企業客戶為主的相對較多，一方面是台灣本土的網路使用人口相對較小，另一方面是，針對企業客戶的數位產品及服務要在不同的市場複製比較容易。

　　台灣相對來看有優秀穩定的數位人才，因此國際化的新創企業大部分都是以台灣作為技術產品研發中心及營運中心，而在主要的市場則建立當地的銷售營運團隊。在國際化的營運架構下，在台灣做技術產品研發，並以台灣作為試驗的場域，再推廣到其他市場，較少數的情況則是在台灣開發其他市場的產品，再複製到其他市場。

　　以消費市場為主的KKday及Pinkoi，就是以台灣作為產品技術及營運中心，並在有些主要市場有當地的營運團隊。Vpon則是另一個值得關注的例子。Vpon在台灣、香港、日本及東南亞都有營運據點，創辦人暨執行長吳詣泓觀察到，每個地區有自己不同的優勢能力，台灣產品開發能力強，香港很懂得業務開發，日本重視細節的文化，有助於流程產品的優化，因此，他們不是採用單一地區的總部概念，而是組合各地優勢，加速國際化進展。

　　不論是以消費或企業市場為主，拓展國際化市場遇到的最大挑戰，主要還是國際人才的取得。若直接從台灣派人去經營國際市場，因為缺乏對當地市場的了解及連結，大部分的經驗都是不可行，透過小型的併購取得當地團隊，則是經過Appier及Pinkoi驗證為較可行的方式。

　　另外，隨著國際市場的重要性提高，如何設計國際營運的管理架構會是一個重大挑戰。每家新創企業隨著國際化的程度需要找到適合的營運管理模式。另外一個比較大的挑戰是如何重新定義企業文化，以因應國際化的營運環境。

　　所有新創企業都在追求成長，但成長一定會有痛苦，若沒有痛苦的成長，公司也不容易破繭而出。機會在哪裡？其實永遠有機會，只要願意去發掘面對未知的明日戰場，新創的挑戰不只是出海，更要思考如何鏈結全世界的人才與資源，當我們放開眼光與心胸，就能發現更多的可能性！

「動態調整商業模式與成長策略」
關鍵要素自我評估重點

1. 公司選定的目標市場及客戶具高度成長性。

2. 公司的產品及服務對目標客戶提供獨特的價值主張。

3. 公司已驗證產品、服務與市場適配（Product-Market Fit）。

4. 公司已驗證有效的市場開發方式（Go-To-Market Fit）。

5. 公司的商業模式已經有清晰的獲利模式。

6. 公司經驗證可以進入商業模式規模化。

7. 公司持續檢視經營環境並對商業模式做必要轉變。

8. 公司定期審視市場環境動態調整成長目標及策略。

9. 公司配合發展階段研擬及調整國際化策略。

10. 公司配合未來成長目標持續調整商業模式組合。

第七章

持續優化營運管理架構及系統

「缺乏策略，執行力是沒有目的的；缺乏執行力，策略是無用的。」

——張忠謀

　　過去這二年，在網路上流傳一個管理哏：「什麼原因促使企業數位轉型？」不是執行長，也不是資訊長，而是新冠病毒。從2020年年初開始蔓延的疫情，延燒至今才稍見平緩，這個突如其來的病毒，除了造成全球經濟重創，更讓人們的生活模式與工作方式，產生巨大的改變。大企業也好，新創也罷，商業模式與營運系統的轉換與升級，已成必然。

　　2020年4月，我寫了一封信給所有AAMA的創業者學員：「新創企業處於初期發展階段，在資源相對不足的情況下，面對疫情的衝擊及挑戰可能更高。但是新創企業具備經營的彈性及靈活度，如果快速調整因應得宜，可以創造另一個發展契機。對於客戶經營、新產品開發、人才管理、服務體驗、供應鏈管理及投融資計畫可能都會造成相當大的影響。如果你公司已經編製年度營運計畫，我建議你應考慮全面評估疫情對於外部經營環境及內部資源能力的影響，並考慮重新編製年度營運計畫。在對未來發展的情境做預測時，不能過度樂觀，應隨時注意環境變化可能造成的風險。也建議身為領導人的你，應該快速整合一個跨部門應變小組，親自坐鎮，隨時掌握疫情對公司營運的影響，同時應該思考未來經營環境及客戶需求的變化，進一步探索商業模式是否有機會做大幅的轉變及調整。」

　　不只是勉勵，我更期待身為AAMA社群一分子的學員們，能夠更緊密交流，進而互助。在這封信裡，我提到幾個重要原則：首先，一定要做好現金流的控制與管理，再者，必須

重視員工及客戶的溝通及因應對策，更重要的是，必須學習成為逆境的領導者。

新創企業之中，跟旅遊相關的產業受創最重，但我也見證了KKday這家公司，因為擁有良好的營運系統基礎，加上團隊勇敢面對逆境，僅花一週完成組織重整，2021年第一季營收恢復至疫情前七成水準，還創造出新的商業機會。

KKday主打體驗式旅遊行程，疫情發生後，他們很快調整產品，推出像是戶外露營、離島夜生活、DIY課程、伴手禮等新產品，甚至，還有一個我從來沒想過的產品，他們結合韓國京畿觀光公社，推出「京畿道娃娃先發團」，讓旅客的枕邊寶貝玩偶代替本人搶先飛韓國，在三條觀光路線的景點，拍攝玩偶的網美風格照片，再搭配限量周邊紀念品和旅遊金等贈品，推出一週，三條路線已經可以成團出發。

KKday接受媒體採訪時表示，這些在疫情期間所開發的商品，關鍵不在於賺錢，而是一方面向市場證明自己開發商品的能力，保持品牌一定的能見度外，同時藉此維繫供應商的關係。

為什麼他們可以做得到？除了團隊的向心力，背後有二個關鍵。其一，資訊公開透明，可加速業務推展。KKday有一個雲端報表系統，所有人都能即時看到產品的點擊、轉換、客單量，這使得內部在做出決策與執行時，同仁們都能很快判斷市場情勢，掌握重點，便於工作的推進。同時，這樣的做法，也傳達了公司對同仁們的信任。

　　再者，KKday以系統化方式取代人力管理，也有助於推動業務規模化。相較於早期靠人力開發並維護旅遊產品，受限於人力，不僅拓展時間長，一旦員工離職，資源或專業知識可能就跟隨人的離開而流失，但藉由系統的方式，不僅便於流程管理，更可快速對接業務需求。

　　KKday在進入快速成長的階段時，便積極導入數位化解決方案，開發了供應管理系統「Rezio」與「商城」，開放供應商免費使用。以商城為例，擁有旅遊商品的商家，只要備齊相關商業文件，審核確認、開通後，便能自主上架管理，並串接平台所提供的金流機制，同時，還能同步轉換為繁中、簡中、粵、英、日、韓、泰、越等語系，進一步拓展海外市場。透過這樣的架構，平台已經開始滾動起生態系的網絡。

　　設計購物平台Pinkoi也有類似的邏輯。在疫情期間，Pinkoi在「設計館管理平台」整合亞洲最大物流商順豐速運（SF Express）的相關服務，包含：系統化的運費預估、後台直接列印順豐出貨單、順豐運費月結服務（順豐收費報表）等方式，建立平台與設計師之間更好的互動。

　　當然，更大規模的影響在於，疫情改變了過往實體上班的形式，不得不然的遠距線上工作，變成企業一種可接受的日常型態。Airbnb創辦人暨執行長切斯基在2022年4月底宣布，公司旗下六千名員工「永久性遠距辦公」。未來Airbnb的員工可以在全球一百七十個國家，任一個地方待九十天，體驗在不同地方遠端工作。

　　雖然疫情日趨平穩，許多企業漸漸開始恢復實體辦公，但透過線上會議討論，或是雲端協作平台的遠距工作模式，已成為一種新常態。特別是成長於千禧世代及Z世代的年輕人，也是數位時代所謂「數位原住民」，他們了解並善用數位工具，本就追求相對自由及彈性的工作方式，疫情的經驗，更加深了此一工作習慣，勢必會對企業的組織及營運方式帶來一定的影響。

　　一般來說，我們在談論營運模式時，不外乎幾個關注點：如何達到業務流程效率化、營運目標合理化，以及人員角色與流程設計的適切性。隨著時代環境的不同，新創企業面對營運管理架構及系統的議題，自然也必須要有新的思維。

　　數位時代帶來組織及管理思維的改變，也影響到組織管理架構的規劃，加上目前很多創新的數位解決方案，如何透過快速有效導入並優化流程，以提升員工的生產力，是所有企業都非常關注的議題。對於一家新創企業而言，面對這樣的課題，好處是因為規模較小又沒有包袱，因此可以快速地因應調整，但另一方面也因為缺乏組織及管理的經驗，可能因為使用不適合的管理模式及系統，不但影響公司的成長速度，甚至於會造成公司無法持續發展的不利影響。

數位時代對組織及管理模式的影響

　　在工業時代，機器革命的出現，使人們專注於機器帶來的

效率與速度，其核心價值就是如何以更高的效率獲得更大的產出。在工業時代，大規模生產成為核心標誌，效率是最重要的。在數位時代，受到快速變化、訊息過量的影響，人們更觀注價值感知，而不再單純關注效率與速度，因為變化的速度已經成為常態，人們更加關注的是為生活及意義賦予的價值。

隨著90年代網路開始普及，至今也不過是三十年的時間，網路技術的發展，加上新的數位科技包括5G、AI、大數據、雲端，改變了人類的生活及工作方式，對今天每個人來說，生活技能必須要重新學習，包括線上購物、電子支付、社交媒體、線上遠距工作等，人們必須調整認知能力以跟上變化的腳步。

對於企業及組織而言，數位技術帶來消費革命，也對傳統產業帶來很大的衝擊，在數位時代，隨著網際網路、行動網路及物聯網的滲透率不斷提高，各行各業連網率提高，訊息交換速度提高，連接程度也導致數據更豐富，數據挖掘更充分，促使科技應用的槓桿大幅度提高。

企業可透過平台及雲端服務以去中心化的方式，達到「即時」、「持續」、「精準」的連接，因此會影響從組織內部擴展至外部的協同合作，促成新的商業模式，甚至於整個生態系統。數位時代帶來企業經營本質的改變，同時對於組織及管理模式造成很大的影響。

AAMA的學員企業凱鈿行動科技，就是抓住這樣需求而崛起的公司。他們的主力產品電子簽署服務「點點簽」，讓以

往需要三至七天、傳統的紙本簽署往返過程，縮短至三小時內完成，同時，無紙化的流程，不僅省下紙張的花費，也能回應環境、社會及公司治理（Environmental, Social, and Governance, ESG）的永續精神。

另外，像是企業人資在無法與員工面對面的狀況下，透過點點簽發送到職文件，包含人事基本資料表、聘雇契約書、勞退同意書等，也可指定新員工附上畢業證書等證明文件，再簽名回傳即可，讓遠端一樣能處理人事聘用與出勤管理。

疫情爆發的2020年上半年，凱鈿點點簽服務累積超過二萬份合約簽署量，比2019年同期成長超過200%，顯見企業端在疫情下的轉型需求。而截至2021年，服務的客戶也已超過800家。

而凱鈿本身，當然也力行數位系統化管理。因團隊成員分散在多個辦公室中，為了克服異地溝通與時差的問題，他們架設了一個內部使用的溝通平台，按產品與專案進行分類並建立對應的頻道，相關人員可直接在頻道內討論並追蹤各項進度，讓重要資訊即時同步且透明，也方便回溯與查找訊息。

數位化為組織及人力資源帶來了根本性變化，這也意謂管理者需要關注「組織價值重構」。企業能夠在數位時代持續成長，一方面透過數位科技，企業實現了與顧客之間的互動及發展；另一方面是組織體系能力適應數位時代的要求，組織自我改變的速度加快。在數位時代，組織價值重構的關鍵在於組織功能從管控到賦能，組織能力由分工到協同。

一、組織功能：從管控到賦能

在工業時代比較穩定的環境下，在高績效組織中，管控對提高績效發揮了積極的作用。透過組織管控，要求組織成員扮演好自己的角色，發揮自己的職責功能，把組織流程、組織體系建立並加以固化，以幫助組織獲得績效，管控也成為組織管理的關鍵要素。

在數位時代，企業面對的是動態變化的環境。在動態變化的環境中，企業必須擁有應對變化的能力，才能持續經營發展。如果企業的組織架構、組織的流程、功能被固化，管理者就會發現，公司無法動態組合管理要素以應對外部變化。

在變動的環境下，管控反而成了影響組織績效提高的限制因素。這時候組織需要透過動態地調整架構及流程，以賦能的方式激發組織個體的活力，以達成高績效的目標。賦能的核心在於營造信任與合作的組織文化，提供員工機會及平台，並願意承擔責任。

二、組織能力：從分工到協同

在數位時代，組織無法獨立面對動態環境帶來的複雜性、不確定性及不可預測性，需要協同組織內部及外部夥伴才能找到解決方案，組織必須要從分工轉變為協同，才能提升組織的能力。協同工作要求企業內部打破部門的藩籬，也要求打開外部的邊界，與更多成員合作，企業擁有更高的外部協同的能

力，才能真正提升組織的效率。要實現從分工到協同的轉變，
資訊共享及信任是重要的基礎。

Vpon：善用地區優勢建立分散營運架構

「就個性上來說，我比較喜歡當一直想新事情、有開創
性的創業家，而不是營運型的企業家，但2018年時，我開
始反省並調整心態。」Vpon創辦人暨執行長吳詣泓分享自
己的歷程。

經歷了三次重大轉型，從2008年開始的手機折價券
「Vpon折扣隨行」；2010年轉型為適地性服務（Location
Based Service, LBS）的行動廣告公司，同年推出「亞洲第
一個LBS行動廣告平台」；2015年公司改名「Vpon」（威朋
大數據），開始專注於數據分析服務。

吳詣泓表示，2015年之前，公司仍是提供台灣單一市
場服務，管理上相對單純，加上創業的革命情感，很多事情
的決策，往往會比較在乎人情，但也因此，在缺乏明確營運
機制的情況下，內部常常因為到底要考慮客戶利益，還是合
作夥伴情誼，造成許多紛爭，當時也的確讓組織面臨一陣騷
亂。在此情況下，一方面重新建立整個績效獎金制度，另一
方面也推動業務轉型。

2018年，數據服務平台終於開花結果，並成功進軍海
外市場，但也必須面對如何統合地區差異的問題。吳詣泓分

析，成熟型的公司，系統規範完整，加入的員工也相對清楚工作上的規則，但新創公司受到地區團隊組成不同，以及各地的文化差異，一定會有相當程度的變動性與浮動性，例如中國市場廣大沒有天險，適合平原戰，有資金者易得天下，然而，中國還存在許多不能言說的潛規則，不一定適合作為重點發展之地。

而東南亞看似一個區域，但裡面每個國家都不同，比如印尼是穆斯林文化，泰國是佛教為主，越南有海外殖民歷史，另外還有匯率波動、人才流動等問題，公司要面對的是分散的泥沼叢林戰。至於日本，市場成熟穩定，重視細節，易守難攻，必須以耐心圍城、建立信任。而香港，擁有國際貿易優勢，占駐此地，有利於海外市場的聯繫。Vpon 起家的台灣，則有相對營運成本低、人力素質高、開發產品速度快的優點。

基於這樣的差異，Vpon 採取了分散式的營運管理架構，將多元市場的優勢進行組合，台灣部分主導產品平台服務的開發，而業務推廣的任務就交由香港負責。至於日本，就當作市場行銷的前哨站，用來調整推出的服務方案。經由這樣的方式，不僅有利於人才招募，也能讓公司的思維可以更國際化，而不會只用台灣的角度來做判斷。

「要成為國際級公司，就要先成為亞洲級公司，」吳詣泓說，Vpon 團隊一開始就設定走全球道路，獲得全球資本，打全球的仗，近年也獲得包括日本與韓國的資金，顯示台灣在地緣政治上，數據、智慧領域的優勢，因此在

2020年成立初期資金為1,000萬美元的威朋創投（Vpon Ventures），希望透過資本建立深度連結，強化亞洲區內數據業界之間的聯繫。

組織及營運管理架構

　　數位化讓組織發生變化，組織結構從傳統的金字塔型走向網狀，組織內部的關係從分工走向協同，組織的特徵從固化、穩定走向變化、動態。設計組織營運管理架構的目的，在促成組織內部與外部有效的協同合作，並授權及激發個人的潛力。為了達成組織的目標，必須透過組織、流程及系統的有效整合運作，才能提升營運效率，如圖7-1。

　　新創企業配合發展的不同階段，組織營運管理架構，基本上可以概分為三個階段。

一、以創辦人、創辦團隊為主的營運架構

　　新創企業在創建期及產品市場適配早期階段，整個公司的規模不大，通常缺乏明確的組織目標，重點在驗證初步開發的產品，也沒有明確的組織架構，創辦團隊雖有分工，但互相支援、扮演不同角色，大部分員工屬於通才，工作內容較多元化，公司缺乏正式的營運流程及系統。公司員工遇到任何問題都可以直接溝通討論，幾乎大部分的決策是仰賴創辦人、創辦

圖7-1：營運管理架構圖

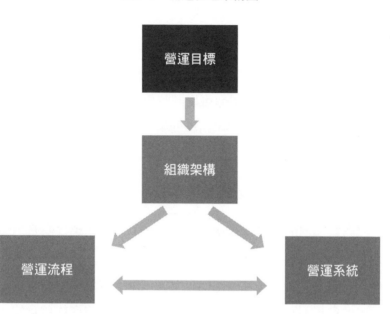

團隊的直覺判斷，或簡單的工具整理的資料做決策。所有新創企業在這個階段的組織及營運架構都相對簡單。

　　曾獲得總統創新獎肯定、Whoscall開發商Gogolook的創辦人郭建甫，回憶創業歷程，剛開始創業時，因為創業夥伴是同學，彼此有默契，早就知道對方可能怎麼想，事情該怎麼做，但組織變大後，必須要有方法讓大家知道如何做決策。「我們十個人的時候是最快的時候，最慢的時候是我們公司四、五十人的時候，」他指出，不重視流程、不重視背後的系統，往往導致公司因變大而變慢，包括溝通發生很多問題，甚至小團隊就會有政治問題，然後人才流動率奇高，題目一堆，

東做西做,非常不聚焦,各種在管理書裡面講的最糟狀況全部都會發生。

後來,Gogolook三個創辦人著手的第一件事,就是先把三個人相信的理念變成原則,定義完這些事情之後,其實就很容易向下繼續發展。「當你可以同時重視這些事情,相對應的東西也會做得越來越純熟,組織的影響力就會越來越大。」郭建甫說。

二、以功能部門為主的營運架構

隨著公司的規模逐步擴大,進行驗證產品市場適配及市場開發,通常公司會依功能區分為技術產品開發、行銷及業務開發、財務及人資三個主要部門,共同創辦人間通常會有明確的分工並負責不同的功能部門,公司內部的成員主要依負責的功能區分。聘用的高階人才以專才為主,以補足創辦團隊的不足。有關公司整體的發展策略及融資仍由執行長決定,但涉及到各項功能的決策,則授權由功能部門主管做決策。在此階段,最重要的是如何找到對的功能部門主管,並採取充分授權的方式運作。

以綠藤生機為例,過去整個公司的營運主要是以產品、行銷及業務團隊為主,到2022年才真正聘用所謂財務長的職位。Pinkoi人資長簡憶汶也說,公司成立初期,因為資源少,採取單一專案產品經理的制度,從開發設計師、溝通教學,到行銷,往往是一人多工,但現在,會有專門招募設計師的職

位、有專門商品的顧問，也有客戶成功經理，讓每個職能都能
專精。她認為，通常公司發展到五十人左右的規模時，就必須
認真思考新的營運架構。

三、以功能部門、市場別、客戶別、產品線
多元的營運架構

當新創企業的商業模式進入規模化，透過不同的成長策略
加速成長，它可能是就現有產品滲透到現有市場，或是現有產
品擴展至新市場，或是推出不同的產品到現有市場，或是探索
不同的商業模式。

由於公司規模擴大，營運複雜度增加，特別是多產品線、
多市場、多客戶的時候，就會面臨如何設計整個組織營運管理
體系，有的企業仍然考慮以功能部分為主，但在業務功能下區
分產品線或是不同地區；有的會在客戶（如消費客戶、企業客
戶）下再區分功能部門；有的則會依產品線為主，再依功能部
門。

有些支援功能如財務會計、人力資源，會採取集中的方
式。此階段的組織營運管理架構並沒有一致的做法，通常會考
慮公司的商業模式、營運地區、客戶及產品類別，找到適合的
架構。這是一個會依內外部環境變化而做調整的動態過程。不
管採取何種組織管理的架構，如何優化營運流程及系統，透過
即時動態的數據做決策，以促進不同部門的緊密合作，甚至於
與外部夥伴的協同合作，就顯得非常重要。

　　例如Google，由於業務與組織過於龐大，2015年時進行調整，成立了控股母公司Alphabet，把原本隸屬於Google業務的無人車、智慧家居等公司獨立出來為子公司，而Google本身也成為旗下的子公司之一。

　　單就Google的組織圖來看，是金字塔型的樹狀結構，但是仔細分析，又有如蜘蛛網狀分布。這是因為Google在傳統組織架構下，又會分出次級的工作小組，而在這個依照任務而分配的工作小組中，某些在傳統架構上是你主管的人，可能成為你的組員。打破了傳統官僚體系的思維，而採用開放式的管理。至於Facebook，就較偏向網狀結構的組織，是純粹以任務為導向，依組織成員本身的能力，來決定小組的領導者，領導者主要是負責協調衝突，而非指揮調度。

　　在多元營運架構中，由於社會文化的差異性，市場是最難駕馭的一環。Pinkoi創辦人暨執行長顏君庭就提到，自己過去是軟體工程師背景，覺得產品做好，消費者就會來，產品規格也不會因為區域不同而有所差異，因此一開始他們進軍日本時，找了一個懂日文的台灣人協助翻譯，但反應不是很好，甚至還有人認為Pinkoi是詐騙釣魚網站。

　　Pinkoi深入了解後才發現，光是網頁的字體就很有學問，不僅日文漢字與華文漢字的呈現不同，在字型的選擇上，日本市場有其自己的品味，更麻煩的是，原來的公司粉色系的標誌Logo，會造成負面的情色聯想，種種的差異，讓他們最後決定，將原本的總部控管模式，改為尊重在地決策。

　　在管理實務上，第三種營運架構，最大的困難點，就在於如何找到具備一定專業性、且符合企業文化的國際化人才，以AAMA的學員公司狀況來看，一些公司的業務已擴展至多品牌、多市場的階段，但無法進一步快速成長的原因，都因為適合的國際人才難尋。

　　一方面新創公司的知名度本來就較低，資源上也不如大型企業豐厚，再者，台灣本身在國際市場上，比起半導體產業的領先地位，數位科技、軟體或生活服務這些類型，並非優勢產業，也多少造成了一些人才取得的困難。例如Pinkoi為了尋找可以帶領日本團隊的總經理一職，就花了一年多，談了近四十人，最後才底定。

四、快速回應需求的敏捷式管理架構

　　在科技快速發展及疫情的影響下，企業的管理模式及工作方式也隨著發生變化。為了因應市場與環境快速變遷所帶來的挑戰，敏捷式（Agile）管理逐漸成為企業採用的方法。敏捷式管理不是全新的概念，這套源自軟體工程界快速開發軟體的方法，強調快速試錯、即時回應、再選定優先順序機動調配資源，開發更貼近市場需求的商品與服務。

　　相較於傳統的專案管理模式，往往是依照一定任務順序執行，在全數任務完成後，才交付成果，而敏捷式管理強調「最小可用」的原則，在每個階段讓使用者看到雛形，確認產品對使用者產生價值，二者最大的核心差異在於，敏捷式管理願意

在過程中，接受各種變動的可能性。

　　在2020年新冠疫情爆發、驅動全球消費者行為典範轉移之際，iKala就有個客戶表示對於該公司曾開發過的一項AI技術應用，有急迫的導入需求。然而，當時iKala已經沒有專責的團隊負責開發該技術，且客戶的上線時程壓力非常大，這是一項極具挑戰的專案，因此iKala立即組成一個橫跨四個部門、總共十二人的虛擬團隊。透過專業分工、團隊技術開發實力、雲端協作默契、定期籌組團隊內部及客戶端的實體會議等，最終團隊僅花不到三個月的時間，就開發完原先需要六個月走期的所有技術、商用服務，成功幫助客戶將新服務上線，同時亦確保客戶的服務能持續穩定運作。

　　在目前經營環境快速變化的情況下，很多的數位科技應用或平台新創企業，因為已習慣軟體敏捷開發方式，在正式的組織營運管理架構外，經常採用敏捷式管理模式，特別是在推動跨部門專案的時候。敏捷式管理在協助新創企業面對快速變化的環境，發揮非常關鍵的作用，我們觀察到，即使新創企業不屬於數位科技應用類，也開始嘗試敏捷式管理的模式，以因應外界快速變化的經營環境。

iCHEF：敏捷開發，快速調整

iCHEF共同創辦人暨執行長吳佳駿，他一天的工作樣貌

是這樣的。因為疫情的關係，公司採取全員在家辦公，一早起來，透過手機看了昨天整個公司及事業部門的營運數據，很快地從數據發覺需要追蹤的幾個問題，立刻安排了幾場會議討論需要追蹤的問題。此外，他也擔任一個敏捷式專案的負責人，透過設定專案完成的目標，每週覆核進度及快速採取必要的行動，推動專案的進度。

「當營運開始規模化、複雜化，就必須進入系統管理階段，」吳佳駿說道。營運數據就像健康檢查一樣，可以幫忙很快找出問題，這也是當初他們創業的初衷。

2012年，吳佳駿與三位高中好友，看到產業數位化的浪潮，創立了iCHEF，透過自行開發的App，將餐飲服務業的POS系統結合iPad裝置，讓包括帶位、點餐、出菜、結帳、人事、報表等日常管理項目，可以更機動即時，且透過數據洞察需求，希望提供給中小型餐廳一個便利可靠、有效率的營運系統。「我們決定不做任何客製化，而是將所有功能整合在單一產品中，打造一套中小型餐廳都適用的統一平台。」目前服務的店家超過一萬家。

吳佳駿回顧創業歷程，的確在早期階段，公司很多決策都是跟著創辦人走，或者就是幾個共同創辦人小圈圈決定，但後來發現，當組織規模變大，大部隊要行進時，沒有規則、方向指引，就容易混亂。此外，環境的變動，也促使他們得時時面對系統升級的挑戰。「創業的時候網路是3G，現在已經要到5G了，iPad也都更新了好幾代！」

由於本身就提供數位化服務，因此，在日常的工作上，

遠距與線上化的工作模式早已習以為常，吳佳駿舉例，
iCHEF很多工作都是透過Slack協作軟體，每個頻道都非常
活躍，很容易就知道大家有在溝通，根本不需要面對面開
會，一樣可以把事情搞定。

在組織運作上，iCHEF也一直採用Scrum敏捷開發及扁
平化的工作管理方式，而且不限於技術工程單位。他們會把
一項大功能，切割成多個較小的里程碑，再分派給不同開發
團隊各自執行，先完成的功能就可以先上線，而不用等待還
未完成的功能。

落實在執行面，會根據敏捷開發的「每日立會」（Daily
Stand-up Meeting）原則，追蹤團隊的個人昨天做了什麼？
從今天到明天開會前，打算做什麼？目前在執行上，遇到哪
些困難？並盡量控制在十五分鐘內結束。

這樣的方式，讓他們可以很快地推進各種業務。例
如ERP導入，一般而言，企業通常需要花二年時間才能完
成，iCHEF在二個月內就完成，讓輔導顧問相當驚訝。還有
在疫情期間，外帶、外送成為主流，餐廳必須能夠同步設定
多平台菜單，快速將更新內容同步至使用者所見頁面，無需
反覆透過合作外送平台業者審核流程即可上架。此外，餐廳
銷售方式的改變，也會連帶影響食材庫存、發票開立、銷售
分析等管理面向，以強化後台數據報表功能，在這過程中，
不僅是工程端平台機制的修正，還牽涉到商業談判，但透過
敏捷方式，他們在不到五個月內就順利完成。

隨著iCHEF商業模式從租用訂閱，增加了交易分潤模

式，內部組織管理方法也有所改變，雖然已導入OKR制度，但吳佳駿認為，目前成效還不夠好，但團隊一直以來都相信，關鍵不在於導入什麼，而是能夠因應變化，小規模投入測試，然後快速修正，尤其公司營運優化是持續不斷在演進的過程，未來空間還很大，持續做就對了！

營運流程建構與系統化

　　企業要有效地將產品或服務交付並傳遞價值給客戶，通常有賴於一連串的營運流程，以及支持流程運作的系統。一般我們將流程區分為核心營運流程及支援流程，不同的商業模式及發展階段，需要建構的核心營運流程會有所不同，產品及技術開發、行銷及業務、客戶關係管理通常被歸類為核心營運流程，財務會計、人力資源及一般行政通常被歸類為支援流程。

　　在過去整個經營環境及營運架構作業比較穩定的情況下，通常透過流程的標準化及系統化，就可以持續維持穩定的運作模式。隨著目前營運環境及消費者需求不斷變化，以及目前各式開放軟體系統非常普遍及創新，導入的難度大幅降低，再加上採取訂閱制的方式，因此企業可以依據其動態的需求，隨時導入不同的系統。

　　只是，在公司已經達到一定的規模後，特別是走向以數據驅動的決策方式（Data Driven Decision Making），如何優化核

心營運流程並將數據及各項系統有效地整合，成為許多新創企業到成長階段必須面臨的營運管理關鍵議題。

綠藤生機的共同創辦人廖怡雯就跟我分享，綠藤有實體門市及線上電商，但實體與線上的消費紀錄分散在不同的系統中，無法掌握整體消費者輪廓，此外，會員資料與客服紀錄沒有連結，也影響客服人員的服務流程。因此，綠藤開始導入Salesforce系統，讓消費者特性、交易紀錄、客服諮詢及商品評論，歸戶在客戶主檔後，不僅有助於行銷活動目標族群的撈取，提供可對應的服務內容，還能降低客服人員的時間成本。

不過廖怡雯也坦言，在這過程之中，到底要採取內部自行開發，或是尋找顧問公司與外包業者合作，以及如何針對消費者特性，找出適合的標籤與資料對標方式，又是另一個新的挑戰。更關鍵的是，內部團隊是否有人力可以與外部對接，支撐起系統的運作，綠藤現階段都還在學習、調整中。

新創企業在初期階段，公司規模較小，營運的複雜度不高，也較少與外界的合作夥伴互動。因此流程及系統都盡可能使用開放的系統工具，甚至於免費的軟體來支援，而負責決策的創辦人、創業團隊都可以用簡單的工具處理決策上所需要的資料。在此階段通常缺乏正式的流程，所使用的系統都相對簡單或者免費，決策方式偏向於個人直覺的判斷。

隨著新創企業找到產品市場適配，並加速市場客戶的開發，逐步發展到一定的規模後，就會採取以功能部門為主的營運管理架構，隨著負責的主管對功能部門營運的深入了解，各

個功能部門開始會依據其營運需求設計相關的流程，並找到匹配的系統來支援，各項產品解決方案大部分是由技術團隊自行開發。

　　有關面對市場客戶的相關營運流程，包括行銷溝通、銷售管理及客戶關係管理，因為近年來有很多行銷科技（Martech）相關的創新產品與解決方案，因此會選擇並導入不同解決方案，並快速調整流程因應，或是配合公司想要達到的目標及運作的流程，找到較為匹配的數位解決方案。公司通常也會導入如Asana的專案管理系統以支援各項專案的進行。至於有關後勤支援的部門，包括財務與人力資源部門，通常會考慮導入ERP或其他的人資解決方案。

　　隨著新創企業的發展，公司規模持續擴大，會推出不同的產品線、開發不同的市場及客戶，或是創造另一個商業模式。因為營運的規模及複雜度增加，有的新創企業仍然維持以功能為主的營運架構，但是配合不同產品線或地區需要設計適合的流程並導入系統，這樣一來，通常會面臨需持續配合營運的需要升級到更先進的版本，或甚至於考慮更換系統。有的新創企業則調整為以事業部或產品線為主的營運管理架構。

　　總公司及事業部會涉及到不同的營運功能，不同的事業部也可能涵蓋不同的功能，特別是在面對客戶的營運流程及系統可能需要配合個別的需求做出調整。如何考慮不同事業部或產品線的需求，又能整合共同的需求，包括數據以及各項技術，會是這個階段應該考慮的重點。隨著公司規模的擴大及營運複

雜度提高，又涉及與外部的協同合作，在設計流程及導入系統時，需要開始跳脫部門的思維，而是整個端到端的流程，並同時要整合不同的系統。

這時候需要考慮導入更先進的整合系統並優化營運流程，甚至也需思考與外部合作夥伴的流程及系統整合。如何將產業有關的解決方案、功能性的解決方案，以及支援作業的解決方案有效整合，以提升整個營運的效率，會是在此階段面臨的最大挑戰。

Appier：國際化之後，營運架構的再思考

從營收1億到10億台幣，Appier只花了三年時間，這樣的成績固然令人欣喜，但組織管理如何因應這樣的變動，卻也是個大難題。「我們有十七個海外據點、四大領域六個產品，員工來自二十多個國家，真的一直在調整學習。」Appier共同創辦人暨營運長李婉菱表示，在2016年以前，比較是以功能性角度思考營運架構，2017年之後，展開多產品線後發現，因為產品屬性不同，原有的方式無法複製，因此需要大規模的調整。

第一個挑戰在於，多市場、多產品線如何推動業務，如何建立滾動式營運指標，如何長期經營客戶等，當時都困擾著李婉菱，幸好獲得AAMA導師前中國用友軟件總裁、美國

甲骨文（Oracle）公司台灣區總經理何經華的指導，幫他們順利建立銷售管理的體系。

Appier同樣也未採取集中式總部模式，而是不同地區功能的組合，台灣負責研發與業務，新加坡則是業務與客戶服務，而公司在日本上市，因此財務總部設在日本。另外，業務部分會再根據產品的不同，設立產品事業群，每個事業群各有一個主管，直接回報給執行長。執行長與營運長每週都會與各單位最高主管一對一開會進行相關檢討。

當然，要掌握這些營運數字，基礎系統不可少。李婉菱表示，因為公司本質是技術底，早期的系統多半是自行開發，後來開始會採用外部的解決方案，例如ERP系統、人資系統等，除了讓公司的技術資源集中在開發自家產品，這些具有國際水準的解決方案，也容易在管理面上與客戶端對接。

此外，基於這樣國際化架構的管理組合，內部設有所謂管理儀表板，且訂定每季OKR目標，檢討產品與業務的發展藍圖。「有明確的數據資料，我們比較知道如何評估並檢討團隊的表現，」李婉菱說道，公司從A輪融資後就一直採用OKR的機制，幫助成員對焦團隊目標及落實策略執行，而現在上市之後，更需要維持好的營運管理紀律，公司才能走得穩健、長久。

卓越營運管理架構及系統的要素

　　新創企業隨著不同發展階段，整個公司的營運規模及複雜度不斷增加。特別是在邁入加速成長期，如何設計組織架構、營運流程及支援系統，並有效整合，將決定公司營運目標是否可以達成，也是影響公司未來是否可以持續成長的關鍵。對很多新創企業而言，這是一個動態持續調整的過程，有的時候可能需要每年甚至於更短的時間，調整組織架構，或是要提升客戶的體驗，重新設計流程並導入新的系統。

　　每家公司因為商業模式、團隊能力及營運策略不同，通常很難採取相同的營運架構及系統。新創企業在早期的發展階段，因為營運較為單純，較難了解營運管理架構及系統的重要性，但是當新創企業在找到產品市場適配並進入商業模式規模化，必須充分了解並認知組織營運管理系統的重要性，否則就可能會影響到公司未來的成長。

　　持續成長的新創企業，在組織營運管理架構及系統上，通常具備下列要素。

一、清晰的營運重點及目標

　　了解在公司不同發展階段的營運重點，並訂定清楚的營運目標，同時將營運目標轉換為公司及部門的指標。透過目標管理制度將各項指標與個人目標結合，並定期檢視各項指標的達成狀況，快速採取因應措施。

　　凱鈿在三年前導入OKR的管理模式，從設定公司願景，擴展到產品與部門季度目標，進而延伸到每個成員對於工作目標的發展。此外，各部門透過每日召開「站立會議」，讓小組成員間分享工作進度與問題排解，確保每個人的工作內容透明，也能凝聚團隊價值與提升管理效率。

二、定期檢視公司的組織及營運架構

　　依公司的不同發展階段並考慮商業模式及營運目標，定期檢視公司的組織架構，並依據實際執行的成果做必要的調整，特別是在營運規模及複雜化提高時，更要適時調整架構。另外，公司可經常採用敏捷式管理方式，促進跨部門的協同合作，並能快速驗證、解決公司面臨的問題。

　　Shoplus是iKala將台灣科技帶到海外的第一個里程碑，他們採用的模式，就是採取敏捷開發，透過大量溝通、協力合作的Scrum原則，提供品牌電商新解法，成功跨入東南亞市場。

三、持續優化核心營運流程，並選擇匹配的系統

　　對於面對市場及客戶相關的營運流程，持續從客戶的角度不斷優化，也經常嘗試導入創新的解決方案，並保持流程及系統的彈性，以有效傳遞客戶的價值主張為目標。同時持續檢視與合作夥伴協作的相關流程，以提升營運的效率。對於配合公司營運需求、自行開發的系統，則持續疊代並修正。

四、選擇並善用適合的數位化工具

市場上有許多創新數位工具的推出，配合公司發展的需要，公司需持續檢視並選擇適合的數位化工具。對於相對比較穩定的支援流程，則透過系統的導入，不斷優化相關的作業流程。公司對於導入的系統，配合實際的需要持續升級至更先進的版本。

台灣許多新創公司創辦團隊，本身是跟著數位環境成長，在使用數位工具上，不僅不陌生，更深諳發揮數位工具的優勢，主打社群服務的Dcard，早在2017年，就已經使用Zoom的遠端視訊系統開會，在員工招募上，也將履歷系統與Slack溝通協作工具連結，讓徵才的部門主管可以更快處理招募事宜，更令我驚訝的是，他們連內部訂便當都有一套系統，還可以搭配當日的天氣、價格等項目，選擇不同的菜單。「數位工具系統對我們來說，不只是支援事務的工具，更幫助我們可以隨時檢視組織效率並做出調整，」Dcard產品總監林懷宇說。

五、投資數據及科技，並提升員工數位能力

過去三十年來，企業營運管理的進程，已經從數位化、數位優化到數位轉型，最大的關鍵在於，不僅僅是投資在新科技，而是如何支援以數據驅動決策的方式，將行銷、業務、客戶服務、人資、IT等各部門之間的流程統統數據化、統一化，提升公司員工數位的能力，推動營運數據的整合與分析，讓不

同單位之間可以更有效率地合作，提供更好的服務品質與用戶體驗。

「做老闆常常會是最孤單的角色。」Pinkoi創辦人暨執行長顏君庭說，新創或是中小企業老闆若不奮力到處學習、進修加強，自己很容易會成為公司成長的天花板，他以自身的經驗建議，新創經營者們碰到困難千萬別孤軍奮鬥，可以透過參加產業社群來獲得更大的支持與協助，藉由別人的營運經驗，突破自己的瓶頸。

從2020年至今，新冠疫情對全球產業營運的應變能力做了一次大考驗，但也是企業強化組織韌性的最佳契機，當企業內部能夠抱持著革新的態度並落實行動，就能驅動外部的創新機會與商機。

「持續優化營運管理架構及系統」關鍵要素自我評估重點

1. 公司配合發展階段制定清楚的營運目標及指標。
2. 公司配合發展階段及策略，持續調整組織架構。
3. 公司配合商業模式及發展階段，設計適合的營運架構。
4. 公司持續優化產品、服務開發流程，並適時推出創新產品。
5. 公司持續優化業務發展及銷售流程，並有效達成業務目

標。

6.公司能有效整合產品開發、行銷及業務活動以因應成長。

7.公司持續優化客戶管理營運流程並導入適合的系統。

8.公司配合組織及營運流程導入適合的營運支援系統。

9.公司建立即時動態的營運數據儀表板，作為營運決策的依據。

10.公司定期檢視營運目標達成度，並採取行動快速因應調整。

第八章

協同策略夥伴共創價值

「給我一根夠長的槓桿，一個可施力的支點，我就能撐起地球。」

——阿基米德（Archimedes）

　　人與人之間，公司與公司之間，常常有種奇妙的緣分，如果有個聆聽你的人、相信你的人、理解你的人，當他們願意鑿開一道光、伸出一隻手，故事就會不一樣。

　　2012年7月，一個炎熱的夏天中午，Appier共同創辦人暨執行長游直翰，帶著沮喪又好奇的心情，來參加AAMA台北搖籃計畫第一期在宜蘭的創業營。令他沮喪的是，公司在探索商業模式一直還沒有很好的進展，推出的產品似乎很少公司埋單；令他好奇的是，這是他回國創業後第一個接觸的創業社群，他也不認識參加這個創業社群的其他創業者，但是他知道，在這個創業社群的導師（Mentor），都是國內成功的企業家及高階專業經理人。

　　在這個創業社群，導師與學員配對是透過彼此互選媒合，他心目中一直有個理想的導師人選，就是前Google台灣董事總經理簡立峰先生，只是他回國後一直沒有機會見到他。

　　最後配對的結果，一如游直翰所期待，他與簡立峰先生成為正式的導師學員關係。他們幾乎每星期都會碰面，或透過電話討論他所面臨的問題，這種亦師亦友的關係，一直持續到現在已經十年，簡立峰先生目前也擔任Appier公司上市後的獨立董事，持續在公司成長的路上提供諮詢。游直翰非常珍惜在創業過程中，有這位亦師亦友的導師長期陪伴及指導，簡先生是他在創業路上最要感謝的夥伴及貴人。

　　「像我們這樣沒經驗的創業者，最難的真的是怎麼跟市場對話。」游直翰說，導師簡立峰具有前瞻科技思維和國際格局

的商業洞察，更有耐心及願意理解的溫暖特質，他不僅定期與三位創辦人聊，甚至還開放時間讓Appier的員工請益，幫助整個團隊大大地提升思維與能力。

簡立峰在2014年的一場媒體對談採訪中，就這樣告訴游直翰：「AI這些技術都不是新的，但資料選對了，領域選對了，價值就很高。我以前是被AI騙了，大家可能都想成是機器人那種，但其實可以不用那麼難，簡單也可以賺錢，沒那麼偉大卻很管用。透過使用者來告訴你市場，是個聰明的方法，這個在台灣比較少用，當你要做全球性的事，人的介入要越少越好。」

從事後的結果論來看，Appier成功地切入AI應用的領域，在產品創新方面，也展現高度的競爭力與企圖心，並成功於日本上市，為台灣新創發展注入強心針。

創業從來就是一個充滿風險的冒險，經驗不足、資金短缺、業務方向不明朗，沒有人知道下一步在哪裡，能夠走得穩健，需要天時、地利與人和，天時談的是環境、大趨勢，地利則是擁有的條件資源，而人和，除了意指有成長思維與能協作的核心團隊外，更關鍵的是，能否找到可以驅動前進的策略夥伴。特別是台灣新創生態系尚處於發展初期，市場條件並不完備，更需要策略夥伴協助，來對接人才、資金、技術等資源。

新創企業依據其商業模式在不同的發展階段，需要選擇適合的策略合作夥伴，特別是在產品開發、行銷通路、資金及客戶取得方面。如何評估及選擇適合的策略合作夥伴，有效地建

立關係並找到雙方可以共創價值的方式，一直是新創企業持續成長的關鍵要素之一。

與策略夥伴合作傳遞價值主張

新創企業在商業模式規模化前，需要了解客戶的問題並探索解決方案，並透過驗證價值創造以達到產品市場適配。接下來要傳遞價值主張，就必須思考公司應該具備的主要資源及主要活動，主要資源可以包括實體資產、智慧財產權、人才及資金等，而主要活動是需要採取的重要行動以創造及提供價值主張。不同的商業模式所需要的主要資源及活動也不同。

新創企業通常基於下列原因，不會考慮要全部利用自己的資源及活動，而是評估自己的關鍵角色，業務的延伸性，進而透過與主要夥伴合作以傳遞價值主張：

1. 將資源做最適當的分配，並透過規模經濟以降低成本。
2. 透過與夥伴合作，以降低風險及不確定性。
3. 透過合作夥伴取得特定的資源或活動。

建立合作夥伴關係較常見的有四種方式，包括策略聯盟、合作競爭、合資、買方與供應商關係。一般來說，如果只是單純的買方與供應商關係，通常不是關注的焦點，但對公司長期發展有重大影響的策略夥伴，策略聯盟或合資會是較為常見的

合作模式。其中，對於新創來說，參與大型企業或政府主辦的創新創業大賽這類活動，或者參加加速器，都有助於提高能見度，然而，能否真正吸引到策略夥伴，仍需有其他條件吻合。

　　例如日本軟體銀行在2015年，推出第一屆創新合作計畫，在全球一百七十三個參賽公司中，選出八家業者，台灣新創公司「行動貝果」在比賽中脫穎而出，軟銀除了投資行動貝果的物聯網深度學習分析產品之外，也介紹日本家電跟事務機器類客戶給行動貝果直接簽約合作。

　　台灣微軟自2019年推出微軟新創加速器，迄今已培育三十二家新創團隊，透過產業專家與技術顧問諮詢，更讓原有的技術架構及服務模式獲得優化，並串連微軟全球夥伴生態體系。AAMA的社群贊助合作夥伴，則包括研華科技、緯創資通、中華電信、中華開發、勤業眾信、安侯建業（KPMG）等單位，目的在於形成「共創」產業生態圈，幫助新創團隊可以更快取得市場資源。

　　我一直相信，幫助創業者成功，就是幫助我們的社會變得更好。特別是隨著數位時代的來臨，科技的快速發展改變了產業的疆界，塑造了新的競爭規則，我們觀察到，更多的平台型企業或生態系應運而生。未來的競爭不再是單一公司的競爭，而是結合很多公司的生態系競爭；未來的價值創造，也不再仰賴單一產品或服務就能達成，必須仰賴合作企業的共同解決方案，提出清楚又具備特色的價值主張。

　　《生態系競爭策略：重新定義價值結構，在轉型中辨識

正確的賽局，掌握策略工具，贏得先機》（*Winning the Right Game: How to Disrupt, Defend, and Deliver in a Changing World*）一書作者艾德納（Ron Adner）將生態系定義為「一群合作夥伴透過相互作用的結構，向最終客戶傳遞價值主張。」在面對生態系的競爭環境，通常新創企業尚未具備能力擔任生態系領導的角色，而是在生態系眾多合作企業的其中一家，如何與生態系的領導企業或其他企業合作，是新創企業應該關注的議題。

策略夥伴的評估與選擇

　　新創企業在不同的發展階段會面臨不同策略夥伴的選擇，早期階段主要是產品開發或技術的合作夥伴，隨著商業模式的發展，會涉及到資金、通路行銷、市場開發、客戶取得的策略夥伴。若大部分合作的對象只是單純的買方與供應商關係，或短期、非策略性的關係，便不屬於本章討論的範圍。策略夥伴通常是對公司長期發展有策略性的影響。新創企業的策略夥伴通常包括下列五類。

一、產品與技術開發夥伴

　　數位科技應用新創企業的產品或技術開發，通常會涉及生態系或平台的選擇。以雲端產品、解決方案為例，通常會涉及Google、亞馬遜、微軟等不同生態系的選擇。以行銷科技

產品為例，也會涉及不同社群媒體平台或生態系的選擇，包括LINE、Facebook、Instagram等。新創企業在面臨產品、技術開發策略夥伴的選擇時，最重要的是結合夥伴的資源加上本身的技術能力，是否能開發目標客戶所需要的解決方案。另外，與夥伴過去的合作關係及未來技術的發展趨勢也是評估的重點。

提供餐廳數位管理的iCHEF，透過他們2021年上半年《台灣餐飲景氣白皮書》發現，疫情期間，消費者外帶的頻率為外送的2.4倍，「是否提供線上訂餐」已成消費者選擇餐廳的關鍵因素之一，因此下半年就將「點餐網站」與「LINE官方帳號」還有「Google我的商家」在技術端做深度串接整合，一方面讓餐廳可以在自己既有的社群管道上，達到快速整合的目的，落實全通路管理目標，並降低成本，對iCHEF而言，也能擴展其服務項目的範圍，強化與餐廳客戶的連結。

iKala：與 Google 共舞，奠定轉型基礎

「如果當初Google沒有找上我們，我們就可能走不到今天。」iKala創辦人暨執行長程世嘉感性地告訴我。從一開始的線上卡拉OK服務，2014年底轉做直播服務，iKala一直在尋找適合的商業模式。程世嘉說，當時團隊討論，雖然歷經了幾次關鍵轉型，但也累積起很強的技術，同時也相

信，未來可能大家都會需要直播技術，「如果我們自己不做直播平台，那我們的技術可以幫助到誰？」直到2015年，決定從原本的消費端轉為企業端服務。

在iKala團隊尋思新出路時，Google的彰濱資料中心已啟用一年多，因為切入雲端服務市場較對手晚，需要找先導團隊來協助加大市場推廣力道，他們發現，iKala的雲端用量頗多，又是從創業第一天就使用雲端原生服務的新創團隊，而程世嘉在創業之前，就是美國Google的工程師，更是台灣第一位登上Google I/O開發者大會的講者。種種機緣，讓彼此的接觸有了好的開始。

「我們在接到這個邀請的時候，就問自己，這符合我們原本的核心路線嗎？答案是yes！」程世嘉表示，因為iKala是做軟體（SaaS）跟平台（Platform as a Service, PaaS）的服務，所以可以在應用層與開發層這邊，串接Google Cloud做垂直整合，然後一起給客戶更完整的雲端解決方案，「我們單純就是因為這個垂直整合的想法，然後就跟Google結盟，一直到今天。」

隨著雲端業務發展成熟，2017年開始跨入AI應用領域，至今除了Google之外，也有其他如Facebook、AWS這些國際夥伴，如今，iKala清楚定位自己是AI數位轉型及數據行銷專家，提供雲端運算服務、機器學習解決方案外，還自己開發顧客數據平台、AI網紅數據行銷平台，以及社群電商方案等產品。

「我想要證明，台灣真的也可以產生像Google這樣的軟

體服務公司！」程世嘉説，每次的轉折，雖然辛苦，但他更在意的是，有沒有連結到更大規模的事業，或更大規模的願景。正在準備IPO計畫，他希望台灣的創業家千萬不要縮小願景，因為一旦縮小，自己跟團隊的信心就會減少，「很多公司的願景都是在摸索之後，才逐步產生的，所以願景不要縮小，只能擴大，我覺得這是創業家必要的一個責任，否則你無法帶領團隊走向更遠的地方。」

二、資金策略夥伴

　　新創企業在不同發展階段到上市前會面臨不同的資金需求及投資人。只有非常非常少數的新創企業在不需外部資金的挹注下仍能維持成長。早期階段的天使投資人，基於他對產品、技術的了解以及市場客戶的關係，可以避免公司在早期發展階段就掉入死亡谷，或協助爭取關鍵的客戶。凱鈿的早期天使投資人，對公司產品的開發提供非常寶貴的建議，避免公司走入錯誤的方向，這位天使投資人也對公司後續的發展提供珍貴的建言。

　　當公司進入成長期，屬於財務投資人的創投機構就會開始接觸，在此階段如果能找到一個具知名度的國際創投機構願意投資並扮演主要投資者的角色，對公司未來的發展將產生重大的影響。

　　Appier的A輪主要投資者紅杉資本（Sequoia Capital）可

視為是資金策略夥伴，不但提供公司早期發展所需要的資金，同時協助創業團隊帶來國際經營的視野及需具備的能力，並對公司吸收頂尖 AI 技術人才帶來正面的影響。

游直翰印象深刻的是，紅杉資本每年會邀集全球投資的團隊集會，同時將這些新創團隊打散重新分組，討論相關議題，鼓勵與其他人互動交流。他說，第一次去參加集會，看到餐桌上放著給團隊的心靈小語信紙，當下深受感動，還特別將信紙帶回來裱框。在那個信紙上寫著：「保持生命的開始、擁抱改變、成為團隊合作者，以及儘管成功仍要渴望。」他說，「他們不只重視出場的投資報酬，更看重團隊的心靈成長，協助打造長青企業。」

公司有時也會考慮引進策略投資人，以有效利用其各項資源及能力，協助公司未來的發展。新創企業對策略投資人，除了資金外，更重視的是可以為公司帶來的策略價值。投資前的深入溝通及承諾，加上投資後的執行，才能帶來真正的價值。

尋找資金策略夥伴對公司的未來發展影響非常重大，特別是商業模式的發展需要投入大量的資金。如果引進不適合的投資人，不但對公司沒有太大的幫助，甚至於可能會對公司的發展形成諸多限制。

新創企業在 B 輪與 C 輪的融資，因為資金需求較大，可能會引進較多不同的投資者，往往大部分只是短期的財務性投資。如果能夠在 A 輪或更早期的階段，引進適合的資金策略夥伴，不但可以扮演主要投資者的角色，也能夠在未來的融資發

揮帶頭作用，並對公司未來的發展提供各項諮詢建議。

　　就台灣新創資金投入的狀況，相較於2010年前後的低谷，台灣新創生態系的資金環境，由於民間社群日漸活絡，加以國發會為主導的政策鼓勵下，已相對獲得改善，不僅創投的早期投資比例明顯提高。

　　國發基金投資新創的方式，大致可分為三類：直接投資（Direct Investment）、共同投資（Co-investment）、引導基金（Fund of Funds）。其中，直接投資方面，以國發基金年報所列直接投資「新興事業」的總金額計算，2010至2020年，國發基金共直接投入181.52億元台幣。共同投資方面，最具代表性的，莫過於2018年開始陸續執行的「創業天使投資方案」，透過與天使投資人共同投資，提供新創企業創立初期營運資金，截至2021年年底，國發基金創業天使投資方案，已投資超過一百五十家新創，總金額約20億元台幣。至於引導基金，則是利用國發基金投資創業投資公司，間接提供新創企業資金，2012至2020年期間，投資總金額約為111億元台幣。

　　然而，面對全球化的新創競爭環境，台灣新創生態系對於全球投資者而言，仍是相對陌生，國際創投或基金進駐台灣長期運作者，屈指可數，真正能獲得國際級資金者，僅有少數零星個案，在各國之中，由於市場的親近性，台灣新創業者多將日本視為拓展海外市場的關鍵地，現階段日本算是與台灣最積極接觸的國家，包括Cool Japan Fund、軟體銀行、Infinite Ventures、SBI Holdings、JAFCO等日本知名創投，已參與投

資多家台灣新創企業。

三、通路行銷策略夥伴

隨著公司找到產品市場適配，進入商業模式規模化的階段，對於生活產品服務類的新創企業，因數位科技的應用而衍生的「直接面對消費者」（Direct to Customer，簡稱DTC或D2C）模式，逐漸為品牌商新創企業所採用。但大部分的品牌廠商都是採用多元的銷售模式，包括透過實體通路夥伴去接觸客戶，或是透過自己的官網及其他不同的電商平台銷售。

如何選擇線下實體通路夥伴，或是線上電商平台夥伴，涉及通路策略的選擇。公司可能會將其均視為一般的合作夥伴，也可能會策略性選擇一家或二家當作是策略夥伴。當然最重要的是如何整合線上及線下的銷售及客戶數據，並充分掌握與客戶的直接溝通，透過互動了解客戶對產品的回饋及需求，更是未來持續成長的關鍵。

對於數位科技應用產品類的新創企業，在找到產品市場適配進入市場客戶開發階段，通常必須針對不同的客戶，採取不同的銷售模式，從「少接觸—輕接觸—重接觸」以買方或賣方主導的模式，到銷售循環「知道—評估—購買—訂價」不同的階段，就會建構一個完整的進入市場的模式。也就是包括確定客戶知道產品、讓客戶評估產品、客戶決定購買產品，到研擬適合的訂價模式鼓勵客戶承諾及擴大使用。在此階段有可能會選擇不同的合作夥伴，以增加潛在客戶的接觸及購買。

鮮乳坊：攜手全家開發新品，共同成長

從乳牛獸醫師變成飲品創業家，這是鮮乳坊創辦人龔建嘉人生意外的轉折。擔任獸醫期間，看見乳品廠和酪農的關係非常對立，加上乳品是高度壟斷的產業，牛奶的保存期限短，沒有足夠的資金沒辦法運作。為了突破這樣的困境，他啟動群眾募資方案，以鮮乳坊為名，推出新的產品。

沒有把握的創舉，消費者的反應完全出乎他的預期，這也讓他更擔心，缺乏資金與廠房的新創團隊，如何找到一個適合的工廠，協助公司將好的酪農的鮮乳加工為美味又健康的牛奶？此外，乳源每天產量都會變動，例如夏季與冬季的產量差別就很大，因此也需要工廠可以協助調節。

龔建嘉透過朋友的關係找了幾家可能合作的廠商，但是囿於鮮乳坊初期的生產量太少，因此接觸的廠商都不願意承接，直到有一天，因為中華民國農會的總幹事看到鮮乳坊的相關報導，基於認同鮮乳坊的理念，請台農鮮乳廠主動聯繫，願意與公司長期合作，幫助鮮乳坊保持產量的穩定。

有了穩定的乳源，下一步就是要建立穩定的通路管道。鮮乳坊靠著募資訂閱的特殊通路，產品逐漸在市場建立起一定的品牌知名度，但如果需要擴展市場接觸面，勢必需要尋找零售端夥伴，而便利商店就是最能接觸一般大眾的選擇，其中，全家便利商店近年來一直以其創新的做法受到市場及客戶的肯定，剛好全家便利商店會長是AAMA台北搖籃計畫

的導師，在我協助介紹認識、經過與公司相關部門多次的討論後，將原本大罐的包裝改為二百一十毫升的小瓶裝，在全家便利商店上架，同時，全家還提供自家App與店頭的版面，協助行銷宣傳，這讓鮮乳坊在全家前三個月平均每日銷量都達到六千瓶以上。

因為合作關係非常好，除了鮮乳飲品外，全家建議，鮮乳坊和大江生醫合作，在優質鮮乳中，加入專利菌種（TCI633）發酵的優格飲，主打女性市場。2020年，雙方還規劃了品牌月，推出七款限量產品。2022年又擴展產品線，推出超過二十款鮮乳系商品，從焗飯、蛋堡、麵包到蛋糕捲統統都有。近期，雙方也開始攜手研究創新的訂閱模式，希望推動新產銷型態，讓生產者、通路、消費者三方都能受惠。

然而，創業之路往往也充滿著對人性的考驗。龔建嘉在母校中興大學2022年的畢業典禮上，分享了一個被合作夥伴背叛的故事。

一個物流的合作廠商，在鮮乳坊創業初期出現，不但客製化配送每一個困難到達的地方，甚至開專車把奶送到不同縣市。負責的司機大哥每週還送晚餐給在公司加班的夥伴，並且在配送時積極協助鮮乳坊的業務推廣，龔建嘉說，當時團隊真的覺得遇到了最好的人。沒想到在一個月後，司機協助收了全台灣飲料店家幾百萬的款項後，捲款消失。

「在那一段時間，面對任何合作，我都充滿了不信任感，公司的夥伴們也開始質疑所有的合作對象。」面對低

潮，一位前輩鼓勵龔建嘉，遇到值得信賴的人數量遠遠超過
有意要欺騙的人，但如果因為這少數的人，改變願意相信別
人的做法，那麼不就是變相懲罰那些後來合作但卻無法被信
任的合作夥伴嗎？「相信的力量遠大於不信任的恐懼。」

「我在大學畢業以前，覺得自己是一個運氣很差的人，
我現在覺得自己成為了最幸運的人，畢業後的十年，這一路
遇到了太多真誠且善良的朋友，遇到了一群勇敢無懼且願意
付出所有的合作夥伴，讓我知道，願意信賴對方的人，會成
為最強大的聯盟。」龔建嘉說，有些事情你永遠不知道會怎
麼發生。

四、市場開發策略夥伴

對於跨入成長階段的新創企業，要能持續成長並在一個細
分市場成為領導者是非常重要的，也是大部分新創企業採取的
策略。想要快速在細分市場占據領導地位，往往需要不同的合
作夥伴，它可能是業界重要的研究單位，或是主要經銷商，也
可能是系統整合商，可以將公司的產品或解決方案帶進它的客
戶。

例如雲象科技，他們利用 AI 系統搭配影像系統，提供病
理篩檢，以便輔助醫師進行診斷，但在草創期間，因為技術尚
未成功商業化，而難以找到合作對象，後來獲得科技部補助，
並與台大醫院、長庚醫院展開數位病理合作，才跨過創業初期

的死亡低谷。

　　受限於台灣市場規模不大或因市場機會來臨，有時新創企業會考慮進入另一個全新的市場，例如從消費市場進入企業市場，而不同的市場特性通常對公司會造成很大的挑戰，需要思考進入新市場的合作夥伴，除了降低進入新市場的可能風險外，也可以快速增加新市場的客戶。

　　受限於台灣本地市場的規模，通常必須要考慮國際市場，特別是對於軟體數位應用的新創企業。只是進入國際市場牽涉到如何落地執行，以及當地人才的問題，不管針對的是消費市場或企業市場，都會面臨巨大的挑戰。

　　開發出一款能連接控制智慧家電、號稱全球最小的IoT閘道器的聯齊科技，2016年參加台北資訊展時，獲得日本整合開發商Internet Initiative Japan（IIJ）副社長慶野文敏的青睞，在他的引薦下，聯齊科技與日本智慧能源重量級專家、京都大學資訊學研究所原田博司教授合作，並加入了日本智慧電錶相容的無線通訊規格，這幫他們開啟了B2B的市場大門。同時，在日本嚴謹文化的要求下持續精進產品，吸引日本三間大型電力公司洽談合作。

　　相對於企業市場，消費市場因為對象較廣，又受限於文化的差異，挑戰難度更高。有時透過併購當地新創並取得人才會是可行的方式，另外，可以考慮尋找當地可能的合作夥伴，或是透過合資的方式，善用合作夥伴在當地的資源及連結、考慮引進當地的投資人，都是新創可以考慮的做法。凱鈿在最近的

B輪融資階段，就引進了韓國最大軟體集團Hancom以及LINE母公司Naver共同出資的投資基金（Dattoz）領投，透過它們的連結及通路可以迅速擴大韓國的市場。

五、客戶取得策略夥伴

　　新創企業要快速取得用戶，往往是透過數位行銷廣告的方式，只要用戶的終身價值大幅超過用戶取得成本即可。只是目前數位行銷的成本大幅提高，如何選擇適合的數位行銷或社群媒體合作夥伴，對消費用戶的取得非常重要。

　　至於企業市場，取得客戶的方式完全不同於消費市場。除了建立銷售團隊直接與目標客戶接觸外，可以善用策略性大客戶在市場的影響力及信用度，如果它們願意持續對產品提供回饋、願意推薦產品使用，將會是取得客戶非常有效的方式。

　　凱鈿行動科技的電子簽名服務「點點簽」最近與微軟攜手合作，透過與微軟旗下的服務內容整合，為企業用戶打造更完善的簽署生態圈，會是新創與大企業策略合作的代表性案例。特別是點點簽與微軟Teams的整合，提供用戶更好的解決方案，透過微軟全球有2.7億的每月活躍用戶，將有機會擴大點點簽的全球市場。

　　策略合作夥伴包括技術及產品開發、資金、通路行銷、市場開發及客戶取得，不同的策略夥伴可以扮演單一的角色，也可以扮演多重的角色。我們觀察到主要的資金策略夥伴，往往扮演市場開發甚至於關鍵人才取得的合作夥伴。新創企業在發

展的不同階段會面臨不同合作夥伴的選擇，如何評估及選擇適合的策略夥伴，對新創企業的成長往往會有關鍵影響。

Vpon：找到關鍵引路人，打入日本數據應用市場

　　占日本，贏亞洲！對台灣新創團隊來說，日本一直是發展海外市場的重要敲門磚。一方面台日之間具有文化親近性，再者，日本市場的規模夠大，然而，日本的嚴謹文化與排外性，也往往是業務推展的障礙。若能攻克日本市場，絕對有助於新創在國際上的能見度，Vpon就是其中一個具代表性的例子。

　　早在2014年，當時做行動廣告服務的Vpon，就開始跨足日本，然而，後續在轉型為數據服務的過程中，雖然客戶端明白數據的重要性，但包括數據的價值、可信度，還有個資等問題，都需要花時間建立信任感，Vpon在不堪虧損的情況下，一度考慮要撤出日本市場。

　　「我也很掙扎，畢竟投入了很多力氣與資源，最後是日本的總經理說服我。」Vpon創辦人暨執行長吳詣泓回憶，當時，他約了日本總經理在新宿一家高樓層餐廳吃飯，商討結束公司的事宜，沒想到總經理嚴正地請求他，「請再給我三個月！」

　　就在這關鍵的三個月，或許是運氣，也或許是日本總經理長時間的耕耘，Vpon爭取到了日本政府觀光局這個客

戶。當時，日本觀光局於2017年成立全新數位行銷推廣部門，希望透過應用大數據，有效吸引海外旅客到日本旅遊，其中又以台灣、香港、中國三地的旅客為主力，然而，這三個地區的旅客各自的喜好不同，找出偏好、制定行銷策略，成了觀光局的重要目標。

日本本地雖然有數據平台，但缺乏跨境資料，Vpon有台灣經驗，前期也經營過中國市場多年，過去累積的大量跨國數據基礎，此時發揮了效用，幫助觀光局區分出不同族群的輪廓，取得了客戶的信任。

由於觀光局為公家單位，這使得Vpon不但有了具代表性的成功案例，觀光局作為日本全國性單位，還進一步帶領Vpon團隊到各地方的旅遊局進行簡報說明。目前，包括日本總務省（相當於台灣的內政部）、大阪、東京、北海道、沖繩、京都等旅遊局，還有日本鐵路公司（Japan Railways, JR）、日本航空（Japan Airlines, JAL）、近畿日本鐵道（Kinki Nippon Tetsudo），以及日本環境省等，都是Vpon的客戶。

有了穩定的客戶，Vpon在2020年完成了新台幣12億元的C輪融資，不僅是該年度全台最高募資案，更值得關注的是，領投者是日本官方背景的創投Cool Japan Fund，而在2021年，Vpon進一步推出數據交易平台Wee Global Data Marketplace，希望靠著日本業界的成功經驗，讓台灣企業看見數據應用新的可能性。

協同策略夥伴共創價值的要素

每家新創企業的商業模式不同，因此在策略夥伴的選擇及合作方式也會有所不同。選擇並善用策略夥伴以共創價值，一直是所有新創企業在持續成長的過程中必須學習的面向，特別是符合客戶的價值主張，往往必須透過多家公司的產品或服務才能提供。依我們長期觀察持續成長的新創企業，大部分都了解並符合下列要素，因此有機會提高與策略夥伴合作成功的機率，同時為公司帶來共創的價值。

一、探索及建立長期的信任關係

新創企業在早期發展階段專注產品的開發，也較少涉及策略夥伴的合作。隨著公司找到產品市場適配並進入商業模式規模化，就會涉及與外部組織有更多的合作關係。公司需要透過一開始的交易關係，雙方互相認識及了解，測試只是短期供應商的合作關係，或是能長期共同創造價值的策略夥伴，這通常是一個需要耐心的探索過程，特別是新創企業在相對資源缺乏的情況下。在探索是否能成為策略夥伴的過程，需要雙方透明開放的溝通及互動，逐步建立長期的信任關係。

而在各種長期關係中，投資人關係，無疑是新創團隊最需要首先好好處理的部分。這不只是解決現實的營運資金問題，而是在彼此有著共同利益目標之下，若雙方能夠有更多的互動，將有助於新創可以更專注思考策略問題。

　　凱鈿創辦人暨執行長蘇柏州就非常感謝一位早期的天使投資人，除了給予資金上的支持，同為軟體產業背景，投資人也在組織管理上提供相當多實質的幫助。另一位業務合作夥伴，在進軍日本之時，引薦不少資源，甚至還幫他們尋找日本總經理的適合人選。Dcard創辦人暨執行長林裕欽也說，公司前二輪的投資，都是屬於永續基金（Evergreen Fund）的型態，有較多的耐心跟較長的時間，可以陪著團隊探索各種可能性。

二、策略性選擇關鍵合作夥伴

　　隨著新創企業不同發展階段及商業模式不斷演化，合作夥伴的對象也不斷變化。在大部分的情況之下，通常合作對象只是短期、非策略性的關係，只需維持正常的合作關係，然而，一旦要發展策略性關係，創業核心團隊就必須從長期的角度，包括組織文化、價值創造的機會、所需投入的資源等不同面向，去評估並選擇關鍵（Vital Few）合作夥伴。這對新創企業持續的成長非常重要。

　　Hahow在發展初期，與知名YouTuber、台灣懶人包內容風潮帶領者志祺七七獨家合作，就是考量到志祺七七本來就是最會做線上內容的人，可以減少溝通成本，此外，新的線上模式，需要有清楚定位及流量的人推廣，這樣的合作，的確達到推動成長的目的。

三、善用策略夥伴的資源及優勢

新創企業在不同的發展階段，所需的資源會不足，因此必須與外界的策略夥伴合作，善用它們所擁有的資源。這些資源可能包括技術能力、資金投資、品牌與通路、現有客戶的連結、商品化的能力。

2008年成立的設計品牌印花樂，就非常積極地透過聯名商品，彼此拉抬聲量或塑造不同形象。例如在2016年，印花樂與全家便利商店推出系列加價購聯名商品，包括隨行杯、咖啡紙杯套等，當時，印花樂正面臨核心客群飽和的問題，在整體行銷上開始考慮跨到更大眾的客群與市場，而全家也希望藉由具設計感的產品，提升品牌質感，就是一個很好的合作案。

來自台南的起士公爵，主打無化學添加的甜點，連續四年爭取到成為金馬獎指定貴賓禮品的夥伴，藉由電影圈年度盛事的機會，深化了品牌的故事性與質感，也是一個很不錯的做法。

四、持續探索共創價值的模式

要建立長期的策略夥伴關係，需要找到雙方可以共創價值的方式。新創企業通常具備創新力、速度及彈性，能夠快速因應市場的變化推出產品，大企業則具備包括量產能力、品牌與通路、規模化的能力。大企業會與新創企業合作，通常主要是著眼於尋找新的成長機會、加速新產品或新事業的開發。新創

企業必須充分了解可以為策略夥伴創造的價值，也要清楚想從策略夥伴得到的價值，這是一個價值交換的過程。

凱鈿與微軟在點點簽的合作模式，充分反映點點簽不僅豐富 Teams 平台內的服務內容，更提升用戶的混合辦公體驗，同時點點簽也能藉由 Teams 平台的用戶族群，共同拓展全球線上簽署的用戶版圖。這是成功與策略夥伴共創價值的模式。

洗潔劑品牌茶籽堂，原本只是為了確保原料來源穩定，以「苦茶油復興計畫」為先導，建立與苦茶油產區農民的關係，在跟南澳農民們簽訂契作協議後，創辦人暨執行長趙文豪感受到當地朝陽社區的人情魅力，也看到當地面臨的發展問題，於是與朝陽社區共同合作，2018 年茶籽堂在此設點，從產業、教育、社區環境營造等面向投入資源，一起推動地方創生，就讓我們看到新創可以為社會帶來的改變力量。

五、重視並持續提升策略夥伴關係

新創企業在不同的發展階段，一旦選擇了策略夥伴，這代表雙方要進入長期的合作關係。任何長期的策略合作關係，都需要得到雙方的關注及支持，特別是對新創企業而言，其重要性更是不言可喻，因此需要核心團隊甚至於創辦人或執行長親自參與。

新創企業核心團隊需要定期更新與策略夥伴的合作關係，並與對方保持定期的溝通，了解雙方對策略合作的期望，並探索可以提升雙方策略合作的範圍及深度。透過專人長期經營及

管理合作關係，才能充分發揮策略合作夥伴的價值。

　　因為數位科技，因為全球經濟變局，因為世代轉換，現在企業營運面對的機會與挑戰都不再依循傳統產業界限，因此，成功的關鍵，不僅僅在於新創提出的創新價值主張，而是如何協調並善用周邊資源與夥伴力量，讓產品服務的價值可以更加突顯、發揮。

　　因此，我想提醒所有創業者，特別是面對疫情後的新世界，我們必須打破過去的線性分工架構，改用生態系的觀點來重新檢視自己的產業位置，並定義策略夥伴的角色，當我們都能在一個相互得益的策略架構下互動，我們就能創造出市場與產業的新面貌。

「協同策略夥伴共創價值」
關鍵要素自我評估重點

1. 公司依據商業模式及發展階段選擇適當的策略夥伴。
2. 公司重視並透過有效的管理，持續提升策略夥伴關係。
3. 公司與不同的策略合作夥伴找到共創價值的模式。
4. 公司善用策略夥伴進行產品、技術的開發。
5. 公司善用策略夥伴有效拓展市場及客戶。
6. 公司善用策略夥伴的資源協助開發國際市場。
7. 公司善用通路夥伴協助拓展客戶、提高營收。

8.公司善用董事及顧問提供策略諮詢及關鍵人才引介。

9.公司配合未來的發展需要,完成融資策略及計畫。

10.公司的財務與策略投資人提供公司未來發展必要的協助。

總結

持續成長，共創價值

　　活化經濟動能，推動社會進步，是新創在一個社會中存在最大的意義。我們看到，台灣的已經進入利用創新趨動經濟成長的階段。過去十年，台灣新創生態系在政府及民間共同合作下，已經進入萌芽期，不斷完善並嵌入全球新創生態系中。台灣這一波本地新創團隊，透過成長性思維，不斷進化調整，也逐步成長至一定規模並受到國際市場關注。因此，我們試圖以創業者為中心，在本書中透過觀察陪伴及實際案例，歸納台灣新創成長的關鍵要素，希望對在創業成長路上的創業者有些啟發，也讓台灣新創生態系的所有關係人可以一起討論、學習，並透過行動，一起協助新創企業持續成長，共創價值。

創新創業是驅動社會經濟發展的支柱

　　台灣已經進入利用創新趨動經濟成長的階段，社會及經濟發展受到創新及創業生態系的直接影響。90年代台灣在政府主導的產業政策下，開始加速半導體及科技製造業的新創投資，造就台灣今日經濟成果的重要基礎。

　　只是在2000年網路泡沫、企業大幅西進、2008年金融海嘯後，台灣並沒有掌握到網路及數位科技帶來的創新創業機會，造成新創生態系失落的十年。自2011年開始出現多元的新創社群支持新創企業、政府透過法令鬆綁、資金投入及人才引進大力支持新創，大型企業在尋求成長機會及數位轉型也開始投資新創企業。

　　過去十年在政府及民間共同投入及努力之下，台灣創業生態系的發展受到重視並逐步完善。我們觀察到數位科技應用的新創企業快速增加，有些指標性的新創在國內外上市，並開始受到國際新創市場的關注。

　　這一波數位時代的新創企業與台灣擅長硬體的製造產業不同，如何善用台灣目前產業的優勢及資源，與未來的數位科技應用的新創結合，對台灣未來產業的發展至關重要。如何進一步完善台灣的創業生態系、與國際接軌，並加速及擴大新創企業的發展，將是影響台灣未來社會經濟發展的關鍵。

成長是創新導向新創企業的關鍵議題

　　雖然每家新創企業面對的市場及經營環境不同、選擇的商業模式不同、創業團隊及人才不同，但是，新創企業都會經歷相同的發展過程，從創建期、產品市場適配期、加速成長期到持續成長期，每一個階段的成功並不保證下一階段的成功，新創企業必須在不同的發展階段，透過不斷地學習、調整，才能順利邁入下一個發展階段。新創企業的發展，是一個不斷進化、調適的過程。

　　作為一家創新導向的新創企業，其價值創造主要是透過成長，面對更大、更複雜的國際市場，只有透過成長才能吸引到人才及資金，成長是新創企業必須面對的關鍵議題。然而，成長總會遇到很多挑戰，往往需要考慮成長的時機、成長的模式

及策略、成長資源的取得、支援成長的基礎設施。作為創業核心團隊，必須有效掌握成長轉折點，並充分了解驅動成長的關鍵要素，才能順利達成成長的目標並創造價值。

新創企業成長的關鍵要素

影響新創企業成長的因素非常多元，包括商業模式、資金、團隊、時機、技術、專利、品牌、企業文化、法規、策略夥伴等，不一而足。不同的因素在不同的創業時空環境下，可能會有不同的影響。每家新創企業都是一個獨特且複雜的適應系統，不同參與者——包括創業團隊、投資者、客戶、合作夥伴——彼此之間的互動關係及方式，都會影響新創的成長。沒有一家新創企業的成長模式，可以完全複製到另外一家新創企業。

依據我們長期陪伴台灣新創企業成長的經驗，並深入分析已經達成或接近10億元營收的新創企業，我們觀察到影響新創成長階段與關鍵要素，雖然每家新創不完全相同，但還是有一定的共同性。我們歸納總結影響新創成長的五項關鍵要素，在不同階段的重點如表9-1。

五項成長關鍵要素各自獨立存在，但具有相互依存及影響的動態關係。具進化思維的創辦人與核心團隊，通常會積極形塑企業文化，並透過願景、使命及企業文化吸引對的人才加入。

表9-1：影響新創成長的五項關鍵要素

成長關鍵要素	初創階段（I & II）	規模化階段（III & IV）
1. 具進化思維的創辦人與核心團隊	• 建立創業團隊並形成公司初步願景及使命 • 創業團隊具備成長思維，快速失敗、快速學習	• 建立及擴大核心團隊並有效賦能及協作 • 培養核心團隊因應環境變化的決策能力
2. 形塑企業文化，吸引對的人才	• 創辦團隊形塑企業文化並以身作則 • 吸引並聘用符合企業文化的初創團隊	• 共同重新定義企業文化，吸引對的人才 • 透過有效的溝通及方式落實企業文化
3. 動態調整商業模式與成長策略	• 探索及調整、驗證初期的商業模式 • 評估並確認可規模化的商業模式	• 研擬及執行適合的成長模式及策略 • 持續動態調整商業模式與成長策略
4. 持續優化營運管理架構及系統	• 配合初期營運需求建立簡單營運架構 • 善用可行的數位系統工具支援流程運作	• 配合業務成長，持續調整組織架構及優化流程 • 開發或導入整合的系統，提供即時決策用資訊
5. 協同策略夥伴共創價值	• 依據初期商業模式，選擇及評估合作夥伴 • 依可規模化商業模式，評估及確認策略夥伴	• 建立及深化策略夥伴的合作關係 • 透過不斷地實踐，探索共創價值的模式

　　具進化思維的創辦團隊，會了解如何因應快速變化的環境，動態調整商業模式與成長策略，同時，也會配合不同的成長階段，不斷優化公司營運管理架構及系統，以支持公司快速及持續的成長。此外，新創會依據商業模式及成長的需要，選擇適合的策略夥伴，並透過協同合作共創價值。

　　創業核心團隊可以針對各項成長關鍵要素做自我評估，一方面反映核心團隊成員對各項關鍵要素的認知，同時也可以了解成員認知的差異，並針對相對符合度較低的部分，透過討論建立共識，並採取具體的改善行動。

創辦人及核心團隊的進化與成長是關鍵

　　在各項成長關鍵要素中，創辦人及核心團隊的進化與成長是核心。作為創辦人，如果能夠將一個創業構想透過建立團隊並逐步打造出可規模化的商業模式，驅動公司持續成長，就可以創造更多就業機會，將對社會產生很大的影響，這是值得慶祝的成就。

　　只是在新創不同的發展階段，需要具備不同的能力，創辦人及核心團隊需要透過不斷地學習及反學習才能提升自己的能力，特別是台灣缺乏數位新創成長經驗的執行長，因此創辦人及核心團隊必須具備進化思維，持續學習、成長，並快速因應內外部環境做出調整，才能帶領公司持續成長。

　　在新創企業發展的過程中，有的是透過核心團隊自我的進化學習提升能力，以因應公司成長的需要，但是，往往會面臨原來的創業團隊的能力無法配合公司成長的需求，而必須要從外界聘用有經驗的人加入核心團隊，特別是在國際化營運方面有經驗的人才。配合公司成長的需要，除了原有團隊加速學習成長外，如何引進適合的核心團隊成員，並建立一個有共同願

景及使命的核心團隊，更是新創持續成長的關鍵。

期待更多的台灣新創邁向成長里程碑

台灣創業生態系過去十年在政府及民間的共同努力下，已經取得初步的成果。依據國際新創生態評估機構的研究，目前位處於萌芽的階段，已經略具規模，並有多家指標性的新創企業受到國際新創的關注。新創企業必須透過持續成長才能創造價值。

我們觀察到這一波數位時代，有更多有經驗的人投入新創的行列，這是非常值得肯定的。我們需要透過政府與民間的合作，進一步完善台灣的創業生態系並與國際接軌。更重要的是，新創企業必須跨過發展初期的存活階段，掌握成長的關鍵要素，才能邁入快速及持續成長的階段。

新創企業的成長是必要的，但是成長會面臨很多挑戰，需要透過創業核心團隊持續地學習及進化，以勇氣與決心勇敢面對挫折，才能克服各項挑戰。

我們一直相信「成功不可複製，智慧可以傳承」的理念，透過此書分享新創企業成長的思維及實際案例，希望能夠協助台灣更多的新創，在成長的路上減少不必要的失敗與風險。我們衷心期待在未來十年，台灣有更多的新創企業跨過10億元營收的里程碑，並持續往細分市場或產業的領導者邁進，相信對台灣未來的產業及經濟發展，一定會有正面及長期的影響。

致謝

　　AAMA台北搖籃計畫於2012年以一個非正式組織的方式成立，開啟了台灣第一個透過連結跨世代導師的經驗及資源，協助年輕創業者的共學平台。謝謝共同發起並持續參與此計畫的好友詹宏志、陳素蘭、簡立峰、蘇麗媚、朱平、陳郁敏，因為你們長期的支持，台北搖籃計畫才能走過十年。

　　2020年，為了永續發展及擴大影響力，我們正式成立「創業者共創平台基金會」，以「協助創業者成功、共創更美好社會」為使命。謝謝研華科技、中華電信、緯創資通、中華開發、信義房屋、大江生醫、勤業眾信及安侯建業的支持，讓基金會可以持續發展。特別謝謝國發會、文化部、經濟部中小企業處及台北市產發局長官的指導及支持。我要藉此機會特別感謝國發會前主委陳美伶，及台北市產發局林崇傑局長長期的支持，相信透過大家的支持，基金會將是完善台灣創業生態系的一個關鍵力量。

　　這本書能夠順利出版，首先要感謝AAMA台北搖籃計畫的導師及學員們，十年來超過九十位的導師們，無私地貢獻他們寶貴的時間，分享他們人生及企業經營的經驗，特別要謝謝

簡立峰、童至祥、陳正然、蘇麗媚、丁菱娟、喻銘鐸、劉奕成導師多次回任擔任不同期的導師。

　　我從導師身上學習到的，不只是專業知識與經驗傳承，更是利他共好的精神。我要特別謝謝陳郁敏，從第一年到現在持續負責行動學習的項目，這是學員們認為學習及感受最特別的項目。

　　因為擔任台北搖籃計畫的校長，讓我有機會與想要改變社會的AAMA超過二百位創業者學習交流，從他們身上我觀察到，他們勇於面對挑戰，甚至於享受挑戰，他們樂於學習新知，也願意分享成功或失敗的經驗，他們經常遭遇挫折，但仍然保有堅強的意志。能夠有機會與他們互動交流，讓我有更多的收穫，特別是新創成長過程的挑戰。美國羅斯福總統（Theodore Roosevelt）說過：「功勞屬於真正在競技場上的人。」

　　新創成長的挑戰，必須透過創業者實際去驗證。本書歸納有關新創成長的關鍵要素，並不是透過嚴謹的理論架構而形成，而是來自於我過去十年來陪伴及觀察新創企業成長的體會。因此，謹以此書向仍在創業路上持續努力要讓社會變得更美好的創業者致敬。

　　特別謝謝本書十個代表性新創案例的創辦人，包括游直翰、吳詣泓、程世嘉、鄭涵睿、顏君庭、吳佳駿、龔建嘉、蘇柏州、江前緯、林裕欽及他們的核心團隊成員，他們真誠地分享在創業路上的經驗及挑戰。另外，北京搖籃計畫的學員嚴天

亦，是我超過十年亦師亦友的創業者，也提供及分享寶貴的創業經驗。

　　寫書對我而言是全新的經驗，我要謝謝城邦媒體集團首席執行長何飛鵬。我記得，第一次與他見面提出本書的架構及想法，他鼓勵我將自己的觀察透過寫書整理並分享。還要謝謝撰寫這本書最重要的夥伴：《數位時代》前編輯總監、現為台灣數位媒體應用暨行銷協會（DMA）祕書長盧諭緯，全程陪同我一起參與訪談這十家代表性新創企業的創辦人及核心團隊，並廣泛閱讀AAMA台北搖籃計畫及學員企業的相關資料。她的寫作及編輯專業，協助我從只注重理性專業的寫作方式，透過描述台灣新創的創業故事，為本書注入了較感性的內容，不但大幅提升這本書的可讀性，同時也讓讀者更容易了解。

　　謝謝AAMA導師簡立峰、童至祥、林妍希、林志垚、郭大經、謝忠高在初稿完成後，無私地提供寶貴的回饋意見，讓本書的內容更加完備。此外，簡永昌、莊嘉庭協助本書的專案管理，並協調訪談及各項細節的安排，讓本書的撰寫及出版過程相當順利。商周出版鄭凱達及林秀津，以專業編輯的角度，提供內容及編排的寶貴意見及協助，讓本書以更專業的方式呈現給讀者。

　　從AAMA台北搖籃計畫十年前以非正式的組織運作到正式成立基金會，執行長林蓓茹幾乎是從一開始就與我一起踏上這十年的旅程。她總是對AAMA創業者提供無私的支持，她是創業者心目中永遠的小花姐，學員碰到任何問題或困難時第

一個總是想到她。當我提出這本書的構想及內容時,她很快地安排內外部的支援團隊,讓我可以無後顧之憂地專心思考及寫作。我要藉此機會特別謝謝她這十年的付出,讓AAMA台北搖籃計畫與基金會可以順利運作並持續發揮影響力,同時讓此書可以順利完成、出版。還要謝謝基金會的團隊成員,包括蔡瑷玲、吳宜玲、李姸慧、吳秉珊及莊嘉庭,他們對工作的投入,以及對創業者的支持,都是讓台灣新創生態圈更茁壯的力量。

　　從在職場工作三十年,到正式退休轉換到新創志工的第三人生,最後,要特別謝謝我的太太陳麗莉,她總是在背後堅定地支持我,不論是職場工作或是對志業的投入,如果沒有她的支持,我很難在我的志業路上熱情地堅持下去。我要向我的家人表示最大的感激與感謝,沒有他們,這一切就沒有意義。

AAMA台北搖籃計畫
十家案例新創介紹

綠藤生機（Greenvines）

　　成立於2010年的綠藤生機，是台灣第三家國際認證的B型企業，以「讓更多永續選擇在生活中發芽」為使命，成為亞洲唯一、連續五度獲得「對世界最好」（Best for the World）環境面向大獎的B型企業。綠藤以深入減法的純淨保養，挑戰保養慣例，透過減去非必要的保養程序、減去超過二千七百種非必要成分、並加上必要的透明，讓每天的保養成為肌膚與環境永續的可能。

鮮乳坊（Better Milk）

　　鮮乳坊堅持單一乳源生產模式，並堅信「牛好，奶才會好」，透過創辦人龔建嘉乳牛獸醫師，在牧場建立專業生產團

隊，從源頭守護生產品質。以「獸醫現場把關」、「嚴選單一牧場」、「無成份調整」、「公平交易」四大堅持，致力於提供產業與消費者更好的乳品選擇，進而打造讓消費者信任、農民驕傲、動物健康的新食農生態，期待能成為台灣最具正面影響力的乳品品牌。

Appier（沛星互動科技）

Appier是一家以人工智慧（AI）為核心的軟體即服務（SaaS）公司，運用AI協助企業進行商業決策。Appier成立於2012年，以實現AI的普及化為願景，曾榮獲《財星》雜誌（*Fortune*）評選為Top 50人工智慧公司，如今在亞太地區、歐洲及美國擁有十七個營業據點，並於東京證券交易所掛牌上市（股票代號4180）。

Dcard

Dcard是在年輕族群有極高滲透率與影響力的社群平台，每月不重複訪客高達一千八百萬，並擁有六百萬註冊會員，論壇服務的版圖也拓展至港澳市場，2021年在日本推出社群平台服務「Dtto」。除了論壇外，Dcard也藉由用戶的高流量、高黏著度，提供整合行動、影音、原生廣告、內容、活動與社群的全方位廣告解決方案；也積極嘗試不同的商業模式，推出電

商「好物研究室」，類別涵蓋美妝、生活家電、美食等；經營Dcard YouTube 頻道，如以街訪形式的「Dcard調查局」深受大眾歡迎；發展原創IP角色dtto friends，從論壇貼圖出發，藉由可愛療癒的短影音與各式周邊商品，掀起討論熱潮。

Hahow（好學校）

　　Hahow好學校，取名自台語的「學校」（ㄏㄚˇㄏㄜ），為亞洲領先的跨領域線上學習平台。透過全球首創「群募開課」的機制，打造多元跨領域的課程平台，更是內容轉譯製課專家，專注於挖掘知識與技能，創造知識有價、分享創作的舞台。Hahow不僅是一個使才藝知識有價的地方，更重要的是降低跨領域學習門檻，集結各種媒介的學習資源，成為大眾的一站式學習入口，讓好的知識技能有更完善的傳承分享途徑。Hahow相信學習是一種生活體驗，期待透過跨領域的連結，激發人與人之間知識技能與觀點的有效流動。

iCHEF

　　iCHEF是為餐廳設計的營運整合系統，從店內POS到線上餐廳經營。在台灣、香港、新加坡、馬來西亞共超過一萬二千家餐廳採用。iCHEF相信科技應該是餐廳經營的助力而非阻力，所以與餐廳老闆一起攜手開發與精進，讓POS成為幫助

每個餐廳老闆實踐其獨特理想的工具。iCHEF讓原來餐飲集團獨享的科技工具不再昂貴與複雜，使開餐廳成為一門更好的生意。

iKala

iKala是一間跨國的AI公司，提供以AI驅動的數位轉型及數據行銷整體解決方案，協助事業轉型與加速。iKala的企業客戶包含多家「財星五百大」企業，服務範圍跨越台灣、日本、馬來西亞、香港、新加坡、泰國等市場及超過十二種產業，並於2021年入選Startup Island TAIWAN指標型新創NEXT BIG，2022年被安侯建業與匯豐集團發表的《亞太地區創新巨擘企業調查》評選為台灣前十大創新巨擘企業。

凱鈿行動科技

凱鈿行動科技是國際化的軟體服務（SaaS）廠商，總部位於台灣，在中國、美國和日本皆設有營運據點。凱鈿成立於2009年，致力提供生產力和創造力解決方案，包含電子簽名點點簽（DottedSign）、PDF文件編輯Document 365、數位內容創作Creativity 365及影音知識分享平台Inspod，旗下服務和產品至今已累積超過二億次下載，並且獲得全球一千萬會員的支持。

Pinkoi

　　Pinkoi以茁壯亞洲設計生態圈為品牌使命,從台北出發,並陸續在東京、香港、曼谷、上海等地設立據點,持續用科技創新驅動產品開發,並建立「SaaS型平台模式」,透過電商平台、體驗活動、品牌經銷、文創創投等管道提供設計品牌成長所需的養分,並期許為市場帶來更多具獨特性、高品質且有理念的國際級設計品牌,為大眾創造更多優質消費選擇,目標成為消費者尋找質感設計生活的首選品牌。

Vpon(威朋大數據集團)

　　2020至2022年連續三年榮獲國家品牌玉山獎多項大獎。於2020年受邀至總統府面見蔡英文總統接受表揚,同年成立威朋創投(Vpon Ventures),以1,000萬美元之初始基金規模,助力亞洲新創生態系。2014、2015年連續二年被《富比士》雜誌(*Forbes China*)評選為「中國非上市潛力企業一百強」第六名與第三名。2008年創立的Vpon,目前業務覆蓋亞洲超過十二個地區,在台北、東京、大阪、沖繩、深圳、香港、新加坡、曼谷等八個城市設有辦公室。

成長關鍵要素自我評估問卷

　　為了協助新創企業的創辦人及核心團隊了解公司在五項成長關鍵要素的符合度，我們針對每項關鍵要素設計十個內容項目，並依據符合程度設計了五個等級。這份關鍵要素自我評估問卷主要是協助創辦人及核心團隊了解公司目前的狀態，評估的結果可以用在內部討論，特別是團隊間認知差異較大、符合度相對比較低、與成長指標性新創有一定差距等項目。透過內部對話或與主要的投資人討論，可以確認未來成長需要改善的重點，也可以逐年比較相對符合度，以了解進展的情況。由於此問卷是質化的評估，因此會受到個人主觀認知的影響。不過透過創辦人及核心團隊逐年的評估，可以對公司成長的關鍵要素有更深入的了解，讓公司在成長路上可以用客觀的角度，協助走出成長的迷霧森林。

要素一：具進化思維的創辦人與核心團隊

關鍵要素內容	非常少符合	少部分符合	部分符合	大部分符合	絕大部分符合
	1	2	3	4	5
1. 創辦人與核心團隊依據公司發展階段形塑未來願景及使命。					
2. 創辦人與核心團隊認同並積極推動公司使命及願景的達成。					
3. 創辦人與核心團隊透過有紀律的學習，持續提升決策能力。					
4. 創辦人與核心團隊展現高度團結合作的態度及行為。					
5. 創辦人與核心團隊持續審視經營環境，動態調整目標及策略。					
6. 創辦人與核心團隊設定挑戰的目標並透過行動努力達成。					
7. 創辦人與核心團隊得到員工、董事會及合作夥伴的信任。					
8. 創辦人與核心團隊能有效領導團隊，吸引及留住適合的人才。					
9. 創辦人與核心團隊有勇氣做出困難且影響公司未來重要的決策。					
10. 創辦人與核心團隊能持續面對挫折並展現高度的韌性。					

要素二：形塑企業文化，吸引對的人才

	非常少 符合	少部分 符合	部分 符合	大部分 符合	絕大部分 符合
	1	2	3	4	5
1. 公司有計劃地建立清晰的企業文化。					
2. 公司配合發展階段不斷演化公司的企業文化。					
3. 公司創辦人與核心團隊以身作則落實企業文化。					
4. 企業文化是指導公司重要及日常決策的依據。					
5. 公司員工了解企業文化並落實至日常行為。					
6. 公司將企業文化與人才發展緊密結合。					
7. 公司在目標市場有清楚的雇主品牌及價值主張。					
8. 公司核心團隊將吸引及培育人才視為要務。					
9. 公司有能力持續吸引及留住適合的人才。					
10. 公司能有效透過制度獎勵優秀及淘汰不適任員工。					

要素三：動態調整商業模式與成長策略

	非常少 符合	少部分 符合	部分 符合	大部分 符合	絕大部分 符合
	1	2	3	4	5
1. 公司選定的目標市場及客戶 具高度成長性。					
2. 公司的產品及服務對目標客 戶提供獨特的價值主張。					
3. 公司已驗證產品、服務與 市場適配（Product-Market Fit）。					
4. 公司已驗證有效的市場開發 方式（Go-To-Market Fit）。					
5. 公司的商業模式已經有清晰 的獲利模式。					
6. 公司經驗證可以進入商業模 式規模化。					
7. 公司持續檢視經營環境並對 商業模式做必要轉變。					
8. 公司定期審視市場環境動態 調整成長目標及策略。					
9. 公司配合發展階段研擬及調 整國際化策略。					
10. 公司配合未來成長目標持續 調整商業模式組合。					

要素四：持續優化營運管理架構及系統

	非常少符合	少部分符合	部分符合	大部分符合	絕大部分符合
	1	2	3	4	5
1. 公司配合發展階段制定清楚的營運目標及指標。					
2. 公司配合發展階段及策略，持續調整組織架構。					
3. 公司配合商業模式及發展階段，設計適合的營運架構。					
4. 公司持續優化產品、服務開發流程，並適時推出創新產品。					
5. 公司持續優化業務發展及銷售流程，並有效達成業務目標。					
6. 公司能有效整合產品開發、行銷及業務活動以因應成長。					
7. 公司持續優化客戶管理營運流程並導入適合的系統。					
8. 公司配合組織及營運流程導入適合的營運支援系統。					
9. 公司建立即時動態的營運數據儀表板，作為營運決策的依據。					
10. 公司定期檢視營運目標達成度，並採取行動快速因應調整。					

要素五：協同策略夥伴共創價值

	非常少符合	少部分符合	部分符合	大部分符合	絕大部分符合
	1	2	3	4	5
1. 公司依據商業模式及發展階段選擇適當的策略夥伴。					
2. 公司重視並透過有效的管理，持續提升策略夥伴關係。					
3. 公司與不同的策略合作夥伴找到共創價值的模式。					
4. 公司善用策略夥伴進行產品、技術的開發。					
5. 公司善用策略夥伴有效拓展市場及客戶。					
6. 公司善用策略夥伴的資源協助開發國際市場。					
7. 公司善用通路夥伴協助拓展客戶、提高營收。					
8. 公司善用董事及顧問提供策略諮詢及關鍵人才引介。					
9. 公司配合未來的發展需要，完成融資策略及計畫。					
10. 公司的財務與策略投資人提供公司未來發展必要的協助。					

附錄三

參考文獻

1. Adner, R.（2022）。生態系競爭策略：重新定義價值結構，在轉型中辨識正確的賽局，掌握策略工具，贏得先機（黃庭敏譯）。天下雜誌。（原著出版於2021年）

2. Aulet, B.（2015）。MIT黃金創業課：做對24步，系統性打造成功企業（吳書榆譯）。商業周刊。（原著出版於2013年）

3. Blumberg, M.（2015）。創業CEO：從20人衝到400人的新創管理學（周佳欣譯）。行人。（原著出版於2013年）

4. Collins, J.（2020）。飛輪效應：A+企管大師7步驟打造成功飛輪，帶你從優秀邁向卓越（楊馥嘉譯）。遠流。（原著出版於2019年）

5. Collins, J., & Lazier, W.（2022）。恆久卓越的修煉：掌握永續藍圖，厚植營運韌性，在挑戰與變動中躍升（齊若蘭譯）。天下雜誌。（原著出版於2020年）

6. Doerr, J.（2019）。OKR：做最重要的事（許瑞宋譯）。天下文化。（原著出版於2018年）

7. Drucker, P. F.（2009）。創新與創業精神：管理大師彼得・杜拉克談創新實務與策略（增訂版）（蕭富峰、李田樹譯）。臉譜。（原著初版出版於1985年）

8. Eisenmann, T.（2021）。不受傷創業（林俊宏譯）。天下文化。（原著出版於2021年）

9. Feld, B., & Hathaway, I.（2021）。新創社群之道：創業者、投資人，與夢想家的價值協作連結，打造「#先付出」的新創生態圈（洪慧芳譯）。八旗文化。（原著出版於2020年）

10. Feld, B., & Mendelson, J.（2016）。創業投資聖經：Startup募資、天使投資人、投資契約、談判策略全方位教戰法則（陳鴻旻譯）。野人。（原著出版於2016年）

11. Flamholtz, E. G., & Randle, Y. (2016). *Growing Pains: Building Sustainably Successful Organizations* (5th ed.). John Wiley and Sons.

12. Hastings, R., & Meyer, E.（2020）。零規則：高人才密度x完全透明x最低管控，首度完整直擊Netflix圈粉全球的關鍵祕密（韓絜光譯）。天下雜誌。（原著出版於2020年）

13. Hoffman, R., & Yeh, C.（2019）。閃電擴張：領先企業如何聰明冒險，解開從1到10億快速成長的祕密（胡宗香譯）。天下雜誌。（原著出版於2018年）

14. Horowitz, B.（2015）。什麼才是最難的事？矽谷創投天王告訴你真實的經營智慧（連育德譯）。天下文化。（原著出版於2014年）

15. Horowitz, B.（2020）。你的行為，決定你是誰：塑造企業文化最重要的事（楊之瑜、藍美貞譯）。天下文化。（原著出版於2019年）

16. Ismail, S., Malone, M. S., & Van Geest, Y.（2017）。指數型組織：企業在績效、速度、成本上勝出10倍的關鍵（林麗冠、謝靜玫譯）。商周出版。（原著出版於2014年）

17. Keeley, L., Walters, H., Pikkel, R., & Quinn, B.（2016）。創新的10個原點：拆解2000家企業顛覆產業規則的創新思維（洪慧芳譯）。天下雜誌。（原著出版於2013年）

18. Mazzucato, M.（2021）。打造創業型國家：破除公私部門各種迷思，重新定位政府角色（鄭煥昇譯）。時報出版。（原著出版於2015年）

19. Nadella, S.（2018）。刷新未來：重新想像AI+HI智能革命下的商業與變革（謝儀霏譯）。天下雜誌。（原著出版於2017年）

20. Osterwalder A., & Pigneur Y. (2010). *Business Model Generation: A Handbook for Visionaries, Game Changers, and Challengers*. John Wiley and Sons.

21. Osterwalder A., Pigneur Y., & Bernarda, G.（2017）。價值主張年代：設計思考X顧客不可或缺的需求＝成功商業模式的獲利核心（季晶晶譯）。天下雜誌。（原著出版於2014年）

22. Parker, G. G., Van Alstyne, M. W., & Choudary, S. P.（2016）。平台經濟模式：從啟動、獲利到成長的全方位攻略（李芳

齡譯）。天下雜誌。（原著出版於2016年）

23. Ries, E.（2012）。精實創業：用小實驗玩出大事業（廖宜
　　怡譯）。行人。（原著出版於2011年）

24. Seelig, T.（2016）。史丹佛最強創業成真四堂課：矽谷創業
　　推手教你以最少資源開創最大志業（林麗雪譯）。遠流。
　　（原著出版於2015年）

25. Tamaseb, A.（2021）。獨角獸創業勝經：大數據分析200+
　　家新創帝國，從創造、轉折、募資到衝破市場，揭開成功
　　的真正關鍵（吳慕書、游懿萱譯）。商周出版。（原著出版
　　於2021年）

26. Thiel, P., & Masters, B.（2014）。從0到1：打開世界運作的
　　未知祕密，在意想不到之處發現價值（季晶晶譯）。天下
　　雜誌。（原著出版於2014年）

27. Thomson D. G. (2005). *Blueprint to a Billion: 7 Essentials to
　　Achieve Exponential Growth*. John Wiley and Sons.

28. Tinker, B., & Nahm, T. H. (2018). *Survival to Thrival: Building the
　　Enterprise Startup - Book 1: The Company Journey*. Mascot Books.

29. Tinker, B., & Nahm, T. H. (2019). *Survival to Thrival: Building the
　　Enterprise Startup - Book 2: Change or Be Changed*. Amplify.

30. 左軒霆（Tzuo, T.）、Weisert, G.（2019）。訂閱經濟：如何
　　用最強商業模式，開啟全新服務商機（吳凱琳譯）。天下
　　雜誌。（原著出版於2018年）

31. Van der Pijl, P., Lokitz, J., & Wijnen, R.（2022）。商業模式

轉型：獲利世代2價值創新的6大途徑（劉復苓譯）。天下雜誌。（原著出版於2020年）

32. Wasserman, N.（2013）。哈佛商學院最實用的創業課：教你預見並避開創業路上的致命陷阱（許瑞宋譯）。財信出版。（原著出版於2013年）

33. Webb, M., & Adler, C.（2020）。Dear Founder：矽谷天使投資人回答「新創企業家」最想知道的78件事（蘇鵬元譯）。野人。（原著出版於2018年）

34. 曾鳴（Zeng, M.）（2019）。智能商業模式：阿里巴巴利用數據智能與網絡協同的全新企業策略（李芳齡譯）。天下雜誌。（原著出版於2018年）

35. 方頌仁、林桂光、陳泰谷、吳光俊（2021）。台灣創投攻略。野人。

36. 台灣產業創生平台（2020）。2020台灣產業新創投資白皮書。

37. 李開復、汪華、傅盛（2017）。創業就是要細分壟斷。天下雜誌。

38. 林志垚（2022）。AAMA第十期主題式課程「成長策略與商業模式」簡報。

39. 陳威如、王詩一（2016）。決勝平台時代：第一本平台化轉型實戰攻略。商業周刊。

40. 經濟部中小企業處（2021）。2021臺灣創育產業關鍵報告。

41. 數位時代、創業者共創平台基金會（2022）。台灣新創生態關鍵10年及展望。

新商業周刊叢書BW0808

新創成長的關鍵

解開台灣新創企業從0到10億元的祕密

作　　　者／顏漏有
文 字 協 力／盧諭緯
責 任 編 輯／鄭凱達
版　　　權／吳亭儀
行 銷 業 務／周佑潔、林秀津、黃崇華、賴正祐、郭盈均

總　編　輯／陳美靜
總　經　理／彭之琬
事業群總經理／黃淑貞
發　行　人／何飛鵬
法 律 顧 問／台英國際商務法律事務所　羅明通律師
出　　　版／商周出版
　　　　　　臺北市104民生東路二段141號9樓
　　　　　　電話：(02) 2500-7008　傳真：(02) 2500-7759
　　　　　　E-mail: bwp.service@cite.com.tw
發　　　行／英屬蓋曼群島商家庭傳媒股份有限公司　城邦分公司
　　　　　　臺北市104民生東路二段141號2樓
　　　　　　讀者服務專線：0800-020-299　24小時傳真服務：(02) 2517-0999
　　　　　　讀者服務信箱E-mail: cs@cite.com.tw
　　　　　　劃撥帳號：19833503　戶名：英屬蓋曼群島商家庭傳媒股份有限公司城邦分公司
訂 購 服 務／書虫股份有限公司客服專線：(02) 2500-7718；2500-7719
　　　　　　服務時間：週一至週五上午09:30-12:00；下午13:30-17:00
　　　　　　24小時傳真專線：(02) 2500-1990；2500-1991
　　　　　　劃撥帳號：19863813　戶名：書虫股份有限公司
　　　　　　E-mail: service@readingclub.com.tw
香港發行所／城邦（香港）出版集團有限公司
　　　　　　香港灣仔駱克道193號東超商業中心1樓
　　　　　　電話：(852) 2508-6231　傳真：(852) 2578-9337
馬新發行所／城邦（馬新）出版集團
　　　　　　Cite (M) Sdn. Bhd.
　　　　　　41, Jalan Radin Anum, Bandar Baru Sri Petaling, 57000 Kuala Lumpur, Malaysia.
　　　　　　Tel: (603) 90563833　Fax: (603) 90576622　Email: services@cite.my

封 面 設 計／萬勝安
印　　　刷／鴻霖印刷傳媒股份有限公司
經　銷　商／聯合發行股份有限公司　電話：(02) 2917-8022　傳真：(02) 2911-0053
　　　　　　地址：新北市新店區寶橋路235巷6弄6號2樓

■ 2022年10月11日初版1刷　　　　　　　　　　　　　　Printed in Taiwan

國家圖書館出版品預行編目（CIP）資料

新創成長的關鍵：解開台灣新創企業從0到10億
元的祕密／顏漏有著. -- 初版. -- 臺北市：商周出
版：英屬蓋曼群島商家庭傳媒股份有限公司城邦
分公司發行, 2022.10
　面；　公分. --（新商業周刊叢書；BW0808）
ISBN 978-626-318-392-6（平裝）

1.CST: 創業　2.CST: 企業經營
494.1　　　　　　　　　　　　　111012412

線上版讀者回函卡

城邦讀書花園
www.cite.com.tw